奥妙科普系列丛书

全彩版

DISCOVERY

让青少年着迷的科普书

彩图珍藏版

文明与科技的结晶
——兵器

张喜庆◎编著

吉林出版集团股份有限公司 · 全国百佳图书出版单位

图书在版编目 (CIP) 数据

　　文明与科技的结晶——兵器 / 张喜庆编著 . -- 长春：
吉林出版集团股份有限公司， 2013.12（2021.12 重印）
（奥妙科普系列丛书）

　　ISBN 978-7-5534-3913-6

　　Ⅰ . ①文… Ⅱ . ①张… Ⅲ . ①武器－青年读物②武器
－少年读物 Ⅳ . ① E92-49

　　中国版本图书馆 CIP 数据核字 (2013) 第 317433 号

WENMING YU KEJI DE JIEJING——BINGQI

文明与科技的结晶——兵器

编　　著：张喜庆
责任编辑：孙　婷
封面设计：晴晨工作室
版式设计：晴晨工作室
出　　版：吉林出版集团股份有限公司
发　　行：吉林出版集团青少年书刊发行有限公司
地　　址：长春市福祉大路 5788 号
邮政编码：130021
电　　话：0431-81629800
印　　刷：永清县晔盛亚胶印有限公司
版　　次：2014 年 3 月第 1 版
印　　次：2021 年 12 月第 5 次印刷
开　　本：710mm×1000mm　　1/16
印　　张：12
字　　数：176 千字
书　　号：ISBN 978-7-5534-3913-6
定　　价：45.00 元

前言

Foreword

人类从战争中艰难地走来，经历过无数次的血与火的考验。战争也由远古时期的石头木棍变成今天的原子弹、激光武器，杀伤力越来越大，科技含量越来越高。当今世界有哪些闻名遐迩的武器，它们经历过怎样的历程，《文明与科技的结晶——兵器》将给读者一一呈现。

《文明与科技的结晶——兵器》全面而系统地向读者们展示了各国兵器和武器发展历史，介绍了当今世界最前沿、最先进的各类武器系统，集知识性、趣味性、娱乐性、新奇性、科普性于一体，生动可读，深入浅出，通俗易懂，目的是能使广大读者朋友们在兴趣盎然地领略兵器知识的同时，了解各国军事、国际局势和科学技术，同时启迪智慧，增长见识，开拓视野，去真正了解认识世界，思考未来。

我们希望《文明与科技的结晶——兵器》能激发读者的探索精神和求知欲望，激起热爱科学、发展科学的精神，不断推动祖国军事现代化事业，做合格的社会主义中国的接班人，做世界和平的维护者。

目录

第二章　战场霸主——火炮

第三章　陆战霸王——坦克

目录

第四章　海上武器——战舰

第五章　空中雄鹰——战机

第六章　决胜千里——导弹

目录

第七章 未来武器

第一章

轻型武器——枪械

众所周知，火药是中国四大发明之一。火药的诞生将人类从冷兵器时代带入火器时代。公元1132年，为对抗北方强大的金国骑兵，南宋的军事家陈规发明了一种火枪，这堪称世界军事史上第一支管形火器，是现代所有管形火器的鼻祖。从此，一种全新的武器出现在世界各地，这就是对人类文明影响深远的枪械。

精准王子——柯尔特 M1911 手枪

勃朗宁开始构思手枪的自动填装装置，后来他为柯尔特公司设计了自动填弹手枪。

在1942 年 10 月，一个漆黑的晚上，太平洋中的一个岛上的丛林里，美国海军陆战队军士约翰·巴锡龙独自一人坚守在阵地上，拖延一个企图过河的日军小分队。他用一把柯尔特 M1911 手枪和两挺机枪轮番射击，击退了日军小分队轮番冲锋。他一直坚持到破晓，援军到来。黎明时，有将近百名日军尸体倒在他的阵地周围。巴锡龙也因此被授予海军荣誉勋章。而与他一起成名的还有那支立下汗马功劳的柯尔特 M1911 手枪。

1900 年，美国侵入菲律宾，遭到当地人民的激烈抵抗。实战中，美国士兵发现左轮手枪虽然射击较为精准，但填装子弹速度不够快，而且 9 毫米短弹的杀伤威力也不够大。美国准备重新设计一种威力更大、填装枪弹速度更快的新式手枪。

半自动填弹手枪最初是由约翰·勃朗宁设计的。他首先研制出手枪的自动装填技术，发明了一种枪管后坐式发射装置，这一创新在枪械的发展史上有里程碑意义。1896 年，柯尔特公司和勃朗宁签订合同，共同研制新式手枪。勃朗宁首先设计了一种 9 毫米的可以自动填弹的手枪。但美国军方经过

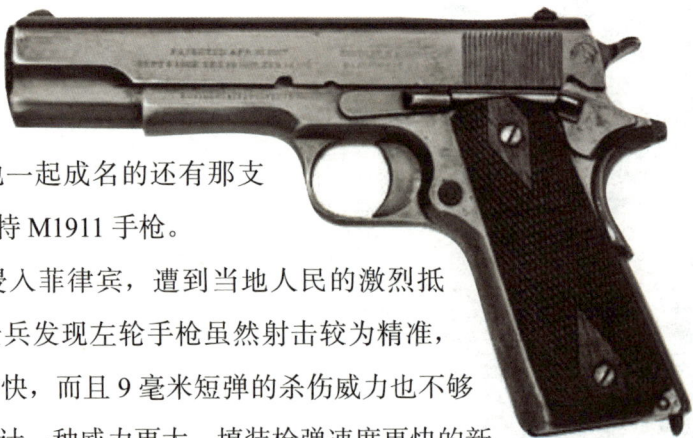

一系列测试后并不满意，认为柯尔特半自动手枪的可靠性还不如左轮手枪，没有采用。

勃朗宁没有停止对新枪的改进，经过反复试验和摸索，他设计的新枪终于通过了军方的一系列严格测试，最终凭借优异的性能赢得军方合同。1911 年，柯尔特公司的 11 毫米自动手枪被命名为 M1911，开始装备陆军。

第一次世界大战结束后，美国军方评估了 M1911 手枪的战场表现，要求它的生产商——柯尔特公司继续对其进行技术改进。所有技术升级在 1923 年完成，并顺利通过军方严格的试验。新设计的 M1911 在射击精度上明显提高，有了"精准王子"的美誉。批量生产的新枪于 1926 年 6 月被美军正式采用，并命名为"11 毫米口径 M1911A1 自动手枪"。

知识小链接

勃朗宁，1855 年出生于美国犹他州，是美国著名的轻武器设计师。勃朗宁一生中设计研制成功的手枪、步枪、轻重机枪和大口径机枪等武器多达 37 种，大多数枪械为后世传诵的经典武器。另外，导致第一次世界大战爆发的裴迪南大公刺杀案，刺杀者使用的手枪就是勃朗宁设计的第一款手枪——M1900。

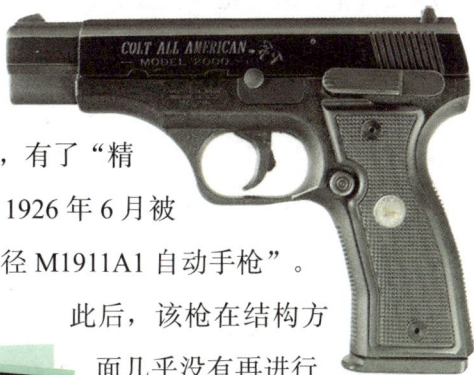

此后，该枪在结构方面几乎没有再进行大的改动。

M1911 使用柯尔特手枪弹，采用枪管短后坐式，铰链式枪管偏移闭锁，单动发射。该枪不含弹夹质量为 1.1 千克，全枪长 216 毫米，装弹量 7 发。子弹初速可达到 253 米 / 秒，每分钟能发射 35 发，口径为 0.45 英寸（11.43 毫米），有效射程为 50 米。

M1911 的成功之处是简化了内部结构，尤其是简化了击发机构。M1911

自诞生之日起，就备受世界瞩目。美军正式装备 M1911 手枪后，世界各国许多枪械厂商都纷纷开始仿制 M1911 式手枪，但无论这些厂商如何模仿，只能仿制 M1911 的外形，却没有 M1911 的内涵。

M1911 的巨大成功使柯尔特枪械公司获得了军方丰厚的回报。1930 年，研发人员在 M1911 的基础上陆续研制了 M1922 型半自动手枪、仿 M1911 式冲锋手枪。这种仿制的冲锋手枪有不同的型号，其中一些型号配有可拆卸的枪托、可调整的机械瞄具，有些型号安装有加长的枪管。

更令人哭笑不得的是，有家兵工厂居然设计制造了一款双枪管的 M1911 手枪，如同两把手枪拼接在一起，但共用一个弹夹，像极了"连体人"。这种中看不中用的设计只能作为收藏品被陈列在博物馆，没有丝毫实战价值。

警界骄子——HK-P7 手枪

1972 年的慕尼黑惨案发生后，警方痛定思痛，决定采购一种新型的警用手枪，替代原来的手枪，以提高警员战斗力。

1971 年，著名枪械设计专家赫尔穆特在 HK4 型手枪基础之上，对其进行了升级改进，把保险装置移动到手枪的前部。科赫公司同时设计了几款这种手枪，一起参与警方新品武器的竞争，其中一款编号为 250 的 HP 手枪被德国警方认可，成为德国下一代警用手枪。科赫公司将其命名为 HK-P7，享誉警界的 HK-P7 从此诞生！1977 年，P7 手枪开始

知识小链接

1972 年，第 20 届奥运会在联邦德国慕尼黑召开。9 月 5 日深夜，5 名巴勒斯坦武装人员袭击了以色列运动员驻地，控制 9 名运动员、教练员和 2 名保安人员，把他们作为人质，要求以色列释放被关押的 256 名巴勒斯坦人。德国警方全力营救，未能成功，11 名人质惨遭杀害，这桩流血惨案，被称为"慕尼黑事件"或"黑九月事件"。

进行批量生产，除警察外，反恐特警队和特种部队也都采购了 P7 手枪。

HK-P7 型手枪口径为 9 毫米，半自动手枪，弹夹供弹，单发发射，子弹初速为 350 米／秒，弹容量分别为 13 发和 8 发，全枪长 171 毫米，枪管 105 毫米，重 950

克（含 8 发子弹）。

P7 的另一项创新是它的握把保险装置，射击时只需用手指将其按下，保险锁抬起，击针被释放。这种天才的设计大幅度提高了射击速度，同时保证使用者安全，在各国警界获得很高赞誉。

由于采用了新的保险设计，P7 手枪安全可靠，就算枪膛装弹也可以安全携带，紧急情况下又可以快速打开保险快速射击。德国人向来以精益求精和细致入微的工作态度而闻名，他们同样将这种精神移植到 P7 的设计上。在所有世界知名的枪械中，P7 的射击精度和射程都是无可争议的优胜者。

HK-P7 陆续推出几款改进型手枪，如 P7M8，被广泛地使用到美国警界；P7M13，采用双排的 13 发弹夹，提高了子弹容量；大口径的 P7M10 则采用 10.1 毫米子弹，提高了杀伤威力。

P7 系列手枪不仅在德国警察、军队中服役相当长的时间，至今英国 SAS 特别空勤团、美国三角洲特种部队、美国中情局等众多著名部队和机构仍在使用，被称为"警界骄子"。

Part1 第一章

奥地利之星——格洛克17

制造手枪的主要材料是什么？当然是精钢！可是格洛克17的诞生就打破了人们想象的极限——用塑料制造手枪！

在 20世纪80年代，奥地利军方决定采购一批新枪，作为警用武器替代日益老化的德国P38自动手枪。此时，名不见经传的格洛克公司走入军方视线，从而开始了它辉煌的历程。

没有创新就没有希望，没有突破将永远默默无闻。格洛克公司为了设计一款全新的、完全突破人们想象力的产品，不仅邀请了军方人士，还花重金聘请北约高级将领、退休警员，从他们丰富的实战经验中获取宝贵的意见和建议，然后针对每个问题组织研发人员找出最佳破解方案。经过一年多的反复设计和试验，一款全新设计、采用新材料、新工艺的格洛克17横空出世。

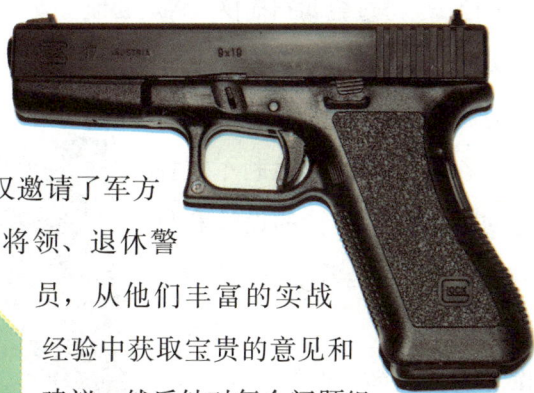

当这款新枪问世时，奥地利军方对其独特的设计和材料运用惊讶不已，纷纷怀疑握柄处的塑料材质是否能经得起严格的测试。但该枪测试结果让军方十分满意，

知识小链接

格洛克手枪在制造上采用先进的工艺，零部件允许的公差非常小。据说此款手枪刚开始引进美国时，在某个枪展上曾做过一次公开测试：有人将20把格洛克17进行完全分解后的零件摆出来，由一名观众任意挑选零件重新组合成一把枪，然后用这把枪射击了2万发子弹，中间没有出现任何问题。

并最终正式采用，军方代号为M80，商业代号则以格洛克公司命名——格洛克17。

格洛克17外表没什么惊艳之处，设计也很简洁，给人方方正正的感觉，但它在设计上却有独到之处，由于采纳了许多实战人员的建议，它更是一款实用型的轻武器，具有很强的实用性，做到了抬手即能射击，瞄准和反应速度都特别快。

据说格洛克17还未诞生时，外界以讹传讹，纷纷揣测这款塑料手枪是怎样的设计，一定会具有划时代的意义，甚至有媒体担心：这样一款塑料材质的手枪，会逃过金属扫描仪，将威胁航空安全，无疑是恐怖分子的最佳选择。事实上，这只是一款部分部位采用塑料的手枪，内部零件、枪管、弹夹等依然是金属材料。

格洛克17让奥地利军方惊喜的不只是它独特的设计和材料，更重要的是射击精度和保险装置。它虽然不是一款针对水下作战而设计的，但其水下表现同样优秀，被许多特种部队，尤其是海军陆战队和蛙人部队等广泛使用。

格洛克公司在格洛克17的基础上又设计了新款手枪，分别有4种不同口径、8种型号。格洛克已经形成一个手枪族，并被40多个国家的军队和警察装备使用。尤其在美国，它几乎占据了40%的警用自动手枪市场。基本型的格洛克17式手枪成为现代名枪之一，格洛克公司也一跃成为世界知名的枪械制造商。

Part1 第一章

城市猎人——"蟒蛇"系列

早期的手枪大多数是转轮手枪，是一种小型手枪类枪械。其转轮一般有 5 到 6 个弹巢，也有的高达 10 个弹巢。

转轮手枪的转轮通常向左摆出，这主要是为了照顾大多数人右手使用的习惯，而中国将其称为"左轮手枪"，其实英文直译过来即是"转轮手枪"，和左右无任何关联。我们在看美国西部电影时，经常会看到西部牛仔挎着手枪，骑着骏马，奔驰在广袤的西部荒漠，演绎着一段段引人入胜的传奇故事。枪战中，牛仔们手起枪落，击败一个个敌手，这是早期西部片的经典场景。他们的手枪和我们通常见到的完全不一样，因为它们属于转轮手枪。

世界上最好的转轮手枪是美国柯尔特公司的"蟒蛇"系列。这是一款双动击发手枪，也能手动扳下击锤进行射击，退壳和装弹时，弹巢向左侧摆出。

1955 年，柯尔特公司推出第一款"蟒蛇"转轮手枪，立刻受到广泛关注。该枪采用柯尔特枪弹击发系统，可调式照门，片型准星，双动击发。标准的"蟒蛇"转轮手枪采用古色古香的胡桃木握把，不过警用型多为橡胶握把。塑料握把虽不如胡桃木漂亮，但握把处有手指槽，握感极佳，有利于控制后坐力，显然更注重实用性能。

"蟒蛇"手枪有四种长度不一的枪型，最初只有6英寸长枪管型，后来柯尔特公司针对不同的需求相继推出了2.2英寸、2.5英寸、4英寸和8英寸等型号。2.5英寸型枪管长度最短，适宜隐蔽携带，多用于便衣警察或平民自卫；4英寸型的枪管长度最佳，适合警员执勤时携带，20世纪六七十年代的洛杉矶警察就大量使用这种型号枪支，也是适合平民自卫的武器；6英寸的枪管较长，瞄准精度高，射击速度快，外形也很漂亮，是当时最流行的型号，我们在西部片里见到的手枪道具大多属于这一型号；8英寸型"蟒蛇"枪管最长，威力最大，是专门针对猎人生产的。由于"蟒蛇"系列转轮手枪的射击精度极高，因此经常出现在各类射击比赛上。

知识小链接

有一次，柯尔特乘坐一艘双桅船在海上旅行。他经常跑到驾驶舱看舵手们掌控舵轮。这引起了他浓厚的兴趣，一直琢磨着如何把新式击发枪原理与旧式转轮枪结合在一起的柯尔特突然爆发出灵感，他兴奋地高声喊道："成功了！成功了！"他急不可待地用木头雕出击发式转轮手枪的模型。很快，柯尔特就制造成功了可以发射的样枪。

令人信赖的安全性，装饰华丽的表面处理，比赛级的射击精度都使"蟒蛇"手枪在刚推出不久就受到民间爱好者的青睐，被称为"柯尔特的凯迪拉克"，并迅速进入执法机构市场。"蟒蛇"手枪的外形设计也备受推崇，被许多其他枪厂所效仿。但无论模仿者如何努力，这些效仿者们始终都不能像"蟒蛇"那样集美观和优异性能于一体并受到追捧。

但随着时代的变迁，转轮手枪容弹量小、块头大等缺点开始暴露，大容量半自动手枪开始大行其道，逐渐将转轮手枪淘汰。"蟒蛇"手枪最终还是连同其他的警用转轮手枪一起被各种各样的大容量弹匣的半自动手枪所取代。

Part1 第一章

德军荣耀——鲁格 P08

20世纪，欧洲经历了两次世界大战，各国最尖端武器轮番上阵，欧洲大地成了新式武器的走秀场。而鲁格 P08 自动手枪无疑是两次世界大战中的佼佼者，确切地说，是德国军人的荣耀。

在1898 年，德国开始研制一款新式手枪，一种军用的半自动手枪。1900年，德军开始投入改良品的生产。然而效果都不理想，直到 1908 年最终定型，这款新制式手枪才被德军相中，并开始在军中服役。从此，P08 制式手枪开始随着德军走向欧洲战场，并在第一次世界大战中崭露头角，最终使其名扬世界的却是第二次世界大战，P08 成为纳粹将军们必备的手枪，在德军中独领风骚达 30 年之久。

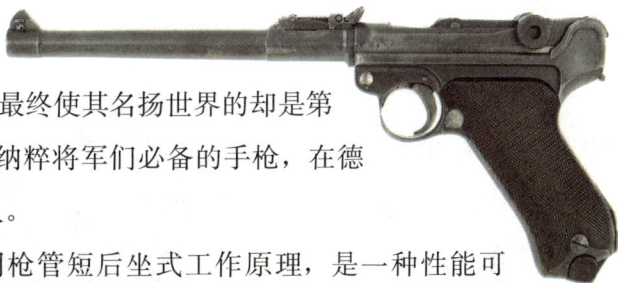

鲁格 P08 式手枪采用枪管短后坐式工作原理，是一种性能可靠、质地优良的武器。该枪配有 V 形缺口式照门表尺，片状准星，发射 9 毫米帕拉贝鲁姆手枪弹。除了勇夺史上第一把军用半自动手枪的地位之外，鲁格手枪最大的特色是肘节式闭锁机，它参考了马克沁重机枪的作业原理，类似人类的手肘，伸直

鲁格是凯尔特神话的光明之神，他手持魔枪，拥有出众的战斗技能。虽然是受人景仰的光之神，但他的祖父却是无恶不作，他和巴罗尔的女儿加芙迪尼亚生下了凯尔特神话最大的英雄库夫林。并在达南神族与弗莫尔军团的决战中射穿了巴罗尔的魔眼，消灭了他。

时，可以抵抗很强的力量，一旦弯曲，很容易继续收缩。

精心设计的手枪一定要配备合适的子弹，才能最大限度地发挥它的性能。鲁格P08不是单独存在于世的，德国军方还单独为它设计了两种子弹，这在世界枪械史上恐怕是绝无仅有的。其中的9×19毫米子弹堪称是历史上至今最成功，也最被广为采用的手枪子弹，进入21世纪仍方兴未艾。

鲁格P08是一战和二战中最具有代表性的手枪，它作为德国军人的一种荣耀，影响着那一个特殊的年代。鲁格P08最初由DWM一家公司生产，从1911年开始，德国的兵工厂也开始生产。一战后的一段时期内，德国政府禁止生产鲁格P08，但后来为了出口，DWM公司重新生产。1933年纳粹党上台执政，与纳粹有着千丝万缕关系的毛瑟兵工厂通过种种手段，从DWM公司获得生产P08授权，开始大量地生产鲁格P08，直到1945年纳粹德国倒台。短短十几年，纳粹德国最少制造了200万把鲁格手枪，包括最少35种改良型号。可惜鲁格P08构造复杂，不易制造，并不适合战时使用，所以后来才有构造简单、双动设计的P38产生。

鲁格P08自动手枪从诞生之日起就成为世界上著名的手枪。1942年以后该枪停止生产，军队也不再装备，现在只有警察中还有人使用。由于该枪的知名度颇高，加上它的纳粹背景和德国军人所谓的荣耀等，至今仍是世界著名手枪之一。

Part1 第一章

冲锋手枪——毛瑟M1932

M1932 不仅采用优质的原材料，而且集中了毛瑟公司近 40 年制造枪支经验、设计智慧和生产技术等，经过严格检验之后才出厂。

1898 年，一个年轻的英国上尉骑士在非洲和土著人作战。他和队友们身陷重围，眼看就要遭遇不幸。这时，年轻人摸着一把毛瑟冲锋枪，大吼一声，带着战友们往外冲。随着"嗒嗒嗒"的一阵刺耳枪声，年轻的上尉带着战友们冲出一条血路，逃离险境。这位英勇的年轻人一战成名，受到英国女王的嘉奖。年轻人对毛瑟冲锋枪赞不绝口，认为它稳定可靠，杀伤力大，是难得的冲锋利器。年轻人屡次向上峰建言，全军都应装备这种型号的冲锋枪，可惜并没有受到英国军方的重视。这位年轻人就是后来的温斯顿·丘吉尔。

1932 年，德国毛瑟兵工厂设计了一款将冲锋枪和自动手枪结合在一起的冲锋手枪，内部编号为"712"号，定型后的"712"被称为 M1932。而它的独特之处在于能利用机柄调节射速，当机柄指向"N"时，为单发发射；当机柄指向"R"时，为连发发射。此外，右手拇指还可以方便地扳动击锤、操作保险机柄来实现保险、射击以及装退弹保险的转换。右手的食指，除了扣压扳机以外，还可以十分自如地按压弹匣扣，以更换弹匣。在射击中，左手只做接换弹匣、拉动枪机以及必要时装定表尺等动作。由于它独特的射速可调节设计，被使用者称为"快慢机"。

M1932可称得上是一件极为精美的艺术杰作。其制造工艺极为精密，集中体现了德国人的细致入微的设计理念和精益求精的制造工艺。时过80年，即使与当代手枪相比，它的品质也都无可挑剔。

M1932采用枪管短后坐自动方式和弹匣前置布局，全枪分枪身组件和发射机构、握把组件上下两大部分。其瞄准基线长，加上其细细的枪管，赋予该枪很好的指向性，射击精度明显高于一般手枪。M1932产量惊人，毛瑟兵工厂在投产后的近40年时间里先后生产了约100万支。作为一个巨大的市场，硝烟四起的旧中国接纳了其中70%以上的数量。

毛瑟M1932如此受人推崇，自然也吸引了无数的模仿者。旧中国的许多兵工厂也仿造了大量的各种型号M1932。但是受旧中国落后的工业水平和制造业技术限制，大多数仿造的"快慢机"都外观粗糙、性能低下，甚至同一种型号的手枪，其零部件居然不通用，没有互换性。西班牙"皇家"兵工厂也曾获得过毛瑟公司的授权许可，也开始仿造M1932。但是，西班牙造虽然外形酷似德国驳壳枪，结构则有很大不同。西班牙造M1932无论是可靠性、工艺性还是实战性能都比德国造略逊一筹。

> **知识小链接**
>
> 毛瑟M1932的弹夹能容20发子弹，在中国被称为"盒子炮""20响"。当时的八路军和后来的解放军缴获了大量的"快慢机"。队伍里随处可见这种冲锋手枪，毛主席曾幽默地说："我们走到哪里，老乡们一眼就看出是人民的队伍。因为我们背着'盒子炮'的多。"

Part1 第一章

歧路亡羊——FAL 自动步枪

> FAL 自动步枪所遭受的命运和它的设计、性能无关，是美国和北约政治角力的牺牲品。

FAL 自动步枪源于第二次世界大战结束后英国新的步枪研制计划。最初 FAL 全自动原型枪设计使用德国 STG44 突击步枪的 7.92×33 毫米中间型威力枪弹，根据英国的需求改成 7 毫米口径（7×43 毫米枪弹）。时逢北约为简化后勤供应进行弹药通用化选型，美国为了照顾本国军火商的利益，坚持没有必要改变步枪口径和减小威力的立场，并施加影响坚持推行大威力的 7.62×51 毫米 T65 枪弹，1953 年北约选择 T65 枪弹作为标准步枪弹。FAL 最终确定使用 7.62×51 毫米 NATO 标准步枪弹。使用 T65 枪弹的 FAL 被命名为 T48，并参加了美国军方的新步枪选型试验。毫无疑问，美军自然将 FAL 淘汰，选择了斯普林菲尔德兵工厂的 T44（定型命名为 M14）。

FAL 采用导气式工作原理，枪机偏移式闭锁方式。导气装置位于枪管上方，导气箍前端有可调整的螺旋气体调节器，可根据不同的环境状况来调整枪弹发射时进入导气装置的火药气体压力。由 20 发弹匣供弹，带空仓挂机机构，不随枪机运动的拉机柄位于机匣左侧，机匣上方装有可折叠的提把，枪北约的全称是北大西洋公约组织，是美国与西欧、北美主要发达国家为实现防卫协作而建立的一个国际军事集团组织。北约拥有大量核武器和常规部队，是西方的重要军事力量。北约实际上是美国控制欧洲的重要工具，也是美国称霸世界的标志。

口装有消焰器，可选择发射枪榴弹。FAL自动步枪工艺精良，可靠性好，易于分解，枪托接近枪管轴线，有效抑制枪口跳动，单发精度好。问题出在弹药的选择上，FAL自动步枪存在与美国装备的M14自动步枪类似的弹药威力大、射击时后坐力大，使连发射击时难以控制、散布面较大的问题。为此英联邦国家制式FAL干脆取消了连发射击模式，只能单发射击，作为半自动步枪使用。

1953年FAL自动步枪开始投入生产。世界各国生产的FAL大致上可划分为两大类，一类是公制式，另一类是英制式。英制式FAL主要是装备英联邦国家。在1955年英国、加拿大和澳大利亚的军工部门开始制定FAL步枪标准化，要求所有的部件都可以互换，部件的尺寸和公差都以英寸为量度单位。而其他北约国家都只采用公制式FAL，部件的尺寸标注都采用公制单位。英制式FAL的上的大多数部件都不能与公制式FAL互换。

FAL自动步枪不仅在英联邦国家被广泛使用，在20世纪60年代至70年代，它还是西方雇佣兵最爱用的武器之一，因此被美国的雇佣兵杂志誉为"20世纪最伟大的雇佣兵武器之一"。

Part1 第一章

日耳曼之弩——G3 自动步枪

G3 的零部件大多是冲压件，机加工件较少。机匣为冲压件，两侧压有凹槽，起导引枪机和固定枪尾套的作用。

二战后的德国被盟军彻底占领，军队被解散，军官被大规模清算，武装也被彻底解除。直到 1956 年，联邦德国才开始重建国防军，由于当时德国军工业没有恢复过来，因此联邦德国军队向比利时订购了 FAL 步枪，并命名为 G1。不过联邦德国军队装备 G1 不到三年时间就被 HK 公司生产的 G3 所代替。G3 步枪的前身就是西班牙的赛特迈步枪，而赛特迈步枪却又和德国有着千丝万缕的关系。

1958 年，联邦德国政府下达批文把生产任务交给 HK 公司。HK 公司针对赛特迈进行了大幅度的改造。改进后的步枪就是世界著名的 G3 步枪。1959 年，G3 步枪交付德国国防部，并大批量装备各作战单位。此后，HK 公司为适应不同军种、不同部门和不同国家的实际需求，又开发了几种型号：可伸缩枪托的 A4 型，固定枪托的 A3 型和带瞄准镜、有狙击功能的 A3ZF 型。

G3 步枪一问世就立刻受到世界各国的欢迎。德国制造强悍回归，其设计之巧妙，制造之精良，无不体现了老牌工业国家的非凡创造力。从问世到现

在，共有超过 80 多个国家和地区购买了 G3 步枪。

德国作为二战战败国，本身没有太多军队，几万 G3 步枪即可完全装备德国各兵种。墙内开花墙外香，G3 迅速被出口到其他各国，短短几年仅 HK 公司就生产了几百万支 G3 系列步枪。

虽然 20 世纪 70 年代后期，开始兴起小口径热潮，但仍有许多国家不肯放弃性能卓越的 G3，时过 60 多年，这种步枪依然在多国服役。20 世纪 80 年代，欧洲和南美洲有超过 10 个国家获得 HK 公司授权，特许生产 G3 系列步枪，各生产国又根据不同需求，在 G3 基础上相继开发了轻机枪、冲锋枪、突击枪、狙击步枪、榴弹发射枪等多款变形枪种。HK 公司一跃成为世界首屈一指的枪械制造商，旗下的 G3 也成为拥有最多变种的枪械，形成一个庞大的轻武器家族。

G3 自动步枪采用北约 7.62 毫米标准北约枪弹，标准弹匣容量为 20 发，后期的 33 型采用铝制弹匣，弹容 40 发。枪长 1025 毫米，重 4.41 千克，瞄准基线长 572 毫米，枪管长 450 毫米，子弹初速 800 米 / 秒，射速为 600 发 / 分，有效射击半径 400 米。

知识小链接

G3 步枪在 1959 年被联邦德国国防军正式装备，在 1997 年被 HK G36 突击步枪取代，世界上共有 80 多个国家购买了 G3 步枪，其中有 10 多个国家获得特许生产权，虽然在 70 年代，世界上吹起一股换装小口径步枪的风潮，不过现在仍有 40 多个国家正在使用 G3 步枪。

世纪枪王——AK47

　　AK47 自动步枪由于其具有杀伤力大、坚固耐用、结构简单等众多特点，一度成为包括美国在内的世界各国士兵最喜爱的步枪，估计生产超过 1 亿支。中国的 56 式冲锋枪就是根据 AK47 改造。

2000 年，美国一家权威杂志《轻兵器》曾做过一个调查：20 世纪哪款步枪影响深远，答案是 AK47 自动步枪。美国人本以为性能卓著、装备全军的 M16 一定会拔得头筹，成为世界第一。然而出乎杂志编辑部意料的是，几乎所有受访的兵器名家、军火兵工厂无一例外地认为，苏联的 AK47 自动步枪是毫无争议的轻兵器之王。

　　AK47 自动步枪是苏联著名枪械设计师卡拉什尼科夫成名之作。俄语中自动步枪的第一个字母为 A，卡拉什尼科夫名字第一个字母是 K，按照苏联轻型武器加定型年份的原则，AK47 代表的意思是：1947 年定型，由卡什尼科夫设计的自动步枪。1949 年，伊热夫斯兵工厂开始生产 AK47，1951 年大规模装备苏军。AK47 有三种不同枪托，一种是木质，一种为塑料制，另一种为金属材料。金属枪托可折叠，被大量装备到空降兵、特种兵和坦克部队。

　　相对于二战时期的突击步枪，AK47 更显短小，射程也较短，并不适合远

苏联制 AK47 步枪是世界上使用最广泛的轻武器之一，也许只有美国柯尔特手枪和德国的毛瑟步枪可以与之媲美。它的设计者卡什尼科夫因 AK47 步枪的大获成功被誉为"世界枪王"。60 多年来，AK47 已经杀死几百万人，而且每年都新增约 25 万人。

距离射击。步枪采用回转式闭锁，自动式导气方式。使用 7.62×39 毫米苏联制标准枪弹，和北约的标准略微不同；供弹匣为弧形，弹容量 30 发，另有弹容量达 90 发的后备弹夹，等同于 3 个标准弹匣；射击方式为全自动或半自动。

苏联 AK47 自动步枪以坚实耐用、故障率低著称，步枪操作简单，很少卡壳，备受世界各国青睐。另外，此种步枪能适应各种复杂的自然环境，适用于高寒、高热地区，枪体钻入灰尘、沙粒后也能照常射击，丝毫不受影响。AK47 之所以受到第三世界尤其是恐怖分子青睐，是由于该枪结构简单，容易拆解，勤务性能极佳。

20 世纪 80 年代末，苏联解体。由于政体的更迭，后来的俄罗斯在武器枪械管理方面出现了大的漏洞，庞大的军火库中数以百万计的 AK47 通过各种地下渠道被秘密运出俄罗斯，走向世界各地。黑帮头目、恐怖大亨、军火供应商、反政府武装，甚至美国军方都大量购入，现在世界范围内都可以轻松买到 AK47。因为价格低廉，性能稳定，容易上手，恐怖分子十分中意 AK47。如今，AK47 成了恐怖分子标志，其最有名的"粉丝"当属恐怖大亨本·拉登了。

法兰西精灵——法玛斯突击步枪

网络游戏《使命召唤》《现代战争》和《穿越火线》等有一款装备特别引人注目，就是大名鼎鼎的法国法玛斯突击步枪。

德国的制造工业以精准、细致、设计独特而闻名，同样是欧洲国家的法国也不乏天才的设计。二战后，北约各国在轻型武器研发领域可谓百家争鸣，你方唱罢我登场，作为老牌帝国的法国自然也不甘落后，推出了"法玛斯"突击步枪。

1967年，法国的著名轻型武器设计师保罗·泰尔开始研发新一代突击步枪取代老式的MAT49。起初，法国人以为只要把7.5×54毫米步枪按需求稍微改动一下即可，所以最初的法玛斯依然采用7.5毫米口径。到了1970年，北约国家大部分将下一代突击步枪口径定为小口径，即5.56×45毫米，为了和大多数北约国家保持一致，法国设计师不得不将法玛斯改为小口径。

1971年，法国圣埃提公司向国防部提交了10支性能各异的样枪。法国步兵团经过2年的严格测试后，针对某些部件和参数做了适当修改，增加了3个射击点控制装置，最终新枪定型，被命名为法玛斯F1突击步枪。1979年，

圣埃提公司生产的第一批法玛斯 F1 交付法国国防部，首先装备了伞兵部队。国防部原计划分三批共采购 40 万支，但因军费不足，只得缩减到 28 万支。

法国人将天生的浪漫情怀融入到法玛斯 F1 的设计上，处处流露着法兰西式的美感和精致，简直就是一件美轮美奂的艺术品。

法玛斯 F1 全长 757 毫米，采用无托结构，枪管长 488 毫米。枪体采用层压技术制造，在玻璃钢枪体上浇铸树脂，所有钢制零件都采用磷化处理。此枪带弹夹和瞄准镜后重 3.8 千克，弹容量 25 发，子弹初速 960 米 / 秒，实战射速可达 125 发 / 分，理论射速 1000 发 / 分，采用雷明顿 M193 枪弹和北约 SS109 枪弹。步枪的提把上可以安装榴弹发射器，也可安装瞄准镜，高倍瞄准镜可使法玛斯 F1 具有很高的瞄准精度，迅速锁定目标。极高的发射速度和让人满意的瞄准精度，在瞬息变化的战场十分重要，这一表现让法玛斯在国际市场有很高的声誉。

除法国军队外，阿联酋、加蓬、黎巴嫩、吉布提、塞内加尔等国，以及原来法国在非洲的殖民地国家也大量装备此类突击步枪。

知识小链接

任何事物都不可能十全十美，法玛斯同样也有缺点。F1 的射速快，而更重要的是它的弹道非常集中。法玛斯子弹太少，火力持续性差，25 发子弹显得不够用；瞄准基线高，如果加装瞄准镜会更高，且不利于隐蔽；枪膛靠后，离射手头部比较近，发射时的噪音大，抛出的弹壳和烟雾会影响射手。

冷战孤儿——AR-10 突击步枪

一大批极具天才设计的轻型武器陆续出现在世人面前，其中就包括美国的 AR-10 突击步枪，而它的设计者就是大名鼎鼎的尤金·斯通纳。

人类的很多伟大的成就背后都有消极的一面：苏联之所以能第一次发射载人飞船，背后是美苏争霸的角力；美国能实现首次登月，其初衷也是力压苏联，在人类航天事业方面领先苏联，扳回一局。同样在轻型武器方面，美苏也在暗中较劲，你领先我一尺，我就要领先你一丈，相互胶着，你方登罢我上场，彼此上演着明争暗斗，许多影响后世的经典武器就是在这种背景下诞生的，其中就包括 AR-10 突击步枪。

AR-10 突击步枪是"二战"后涌现的比较知名的自动步枪之一，也是冷战时期的产物。它大量采用非金属和轻金属材料、三用提把结构，特殊导气管式工作原理等设计。AR-10 突击步枪的导气装置包括枪管、导气管、导气箍，枪机和枪机框之间构成一个气室。导气管通过进气管和气室相通。导气管内安装气体调整栓，用以调整流入气室的空气量。AR-10 的枪管内层镀铬，耐磨耐高温；外层为铝，轻质且不失硬度。枪管外面还套有塑料护板，枪口

尤金·斯通纳出生于印第安纳州的土著居民家庭，幼年时就十分喜欢飞机和机械制造，后成为美国著名机械设计师。其代表作品为 M16 步枪系列、AR 步枪系列和 M63 武器系统，广受各国好评的 AR-18 突击步枪。他曾参加过第二次世界大战，因其在设计方面巨大的成就，被认为是世界轻武器界最富有想象力、最多产的枪械大师！

位置有消焰制退器，兼有榴弹发射功能。AR-10 的机匣也用铝合金制成，枪体装有机柄和提把，提把上有刻度，用作瞄准用标尺，也能保护机柄。

AR-10 的发射机座也是用铝合金制成，安装有发射机构。发射机座右侧有弹匣卡扣，左侧是空仓挂机和快慢机。有保险、单发和连发 3 个功能机位。扳机位于握把、弹匣和机匣之间，扳机护圈设计独特，可以向下打开，这种设计有利于士兵戴着厚厚的棉手套扣扳机。

AR-10 采用机械瞄准装置，准星为片状，表尺为觇孔照门（此种瞄准具的设计利用人体生理，当人的眼睛从一个小孔中看出去时，会很自然地将瞳孔中央移至小孔的中央，以求得最大的透光量。照门的用法是让射手的视线透过它对准准星，准星再对准目标然后开火）。导气箍和准星合为一整体件。瞄准表尺安装在提把后部，分划为 200～700 米；该枪使用北约 7.62 毫米标准枪弹，所以也被称为 AR-10 7.62 毫米突击步枪。

作为冷战背景下的产物，AR-10 自从诞生之日起就注定了它不会被大量装备。通俗地说，它的使命就是用来被美国人炫耀的，暗示美国在和苏联的冷战中又技压一筹。AR-10 尽管设计优秀，性能卓越，但并没有被美国军方采购。整个 20 世纪 50 年代，只有荷兰国家兵工厂和美国柯尔特制造公司曾少量生产过此枪，但未被列入正式装备。

纳粹骄傲——MP40冲锋枪

在观看二战题材的电影时，每当看到纳粹德国士兵，他们的脖子下总会挂着一支短小精致的冲锋枪，这就是闻名遐迩的德国MP40冲锋枪。

第一次世界大战时，欧洲战场主要是以阵地战和碉堡战为主。只要拿下对方阵地或某个碉堡，基本就解决战斗，取得胜利。于是各国修建了很多坚固的战壕、碉堡，"一夫当关，万夫莫开"。当时的枪械大多数有1米多长，加上刺刀的步枪超过1.5米，在狭窄的战壕、碉堡里很不便利。为了适应环境，枪械师开始设计一种短小的，但杀伤力更大、有利于守卫阵地、碉堡的枪械，于是，MP38冲锋枪应运而生。

1936年，德国厄尔玛兵工厂针对战场需求研制出一款冲锋枪，而此时野心勃勃的纳粹党正在为侵略欧洲各国蠢蠢欲动。1938年，德国陆军总部要求对这款新式秘密武器进行改进，改进后的冲锋枪被正式命名为MP38，开始批量装备德军。

MP38式冲锋枪是世界第一支使用折叠式枪托，并采用钢材与塑料两种材料的冲锋枪。在1939年的入侵波兰的战争中，MP38初试锋芒，它猛烈的火力使手持燃烧瓶和手榴弹的波兰反坦克士兵近不得身，从而保证了坦克的安

在南斯拉夫影片《桥》中，游击队员们人手一把 MP40，其中包括少年和女游击队员。少年和女人虽然并没有什么战斗经验，臂力又较弱，但他们也能很好地控制住 MP40 并持续射击，在实战中消灭了许多德国士兵。足见 MP40 冲锋枪设计的科学性，后坐力之小，射击的精确性更无可匹敌。

全。波兰士兵从没见过这么短小精悍却又火力迅猛的冲锋枪，德国装甲兵正是依靠 MP38 优秀的表现，才保护了坦克旅，协助装甲部队一举攻克华沙，进而占领整个波兰。经此一战，MP38 强大的火力支撑和战场中的表现深受德国军方赞赏，德国纳粹军部立刻大批量采购 MP38，德军战力空前提高。

为了降低生产成本，军方命厄尔玛公司简化生产工艺。根据从波兰战场上反馈的信息，厄尔玛公司在 1940 年再次对 MP38 进行升级改造，使它制造工艺减少，工时更短，造价更低，安全性更高。改进后的型号按照惯例命名为 MP40。

MP40 冲锋枪采用自由枪机原理，使用 9 毫米口径手枪弹，32 发弹匣供弹。MP40 设计宗旨是实用、可靠、简易，因此冲锋枪采用管状机匣和外露式枪管。机枪握把护板为塑料材质，枪托用钢管制成，造型简单实用。枪管镀铬，这一技术远远领先盟军同时期的制造工艺。

MP40 设计之初就想到了用在坦克上，因此枪管座设计成钩状形状，可从装甲车或坦克射孔向外射击，巧妙地避免后坐力过大造成射击者被顶回机车内。该枪结构简单，设计精良，为了照顾前方士兵，枪体大量采用整体部件，分解与组装不需用专门工具，非常适合野外维修。另外，MP40 首次采用电焊工艺，这一技术深深影响了后来的枪械制造。

MP40 射速为 550 发 / 分，虽然不及苏联的波波沙 900 发 / 分的射速，但却有着精准的射击精度，在战场上力压波波沙和汤姆逊冲锋枪。

最好的冲锋枪——伯莱塔 M12S

> 伯莱塔 M12S 冲锋枪是最著名的冲锋枪，这一点，连人才济济的美国也不得不承认。

有个关于二战时意大利士兵的笑话：当德国兵抱怨他们的战线拉得太长，以至于经常为后勤供给而苦恼时，意大利士兵却自豪地说，我们从来没有为后勤保障担心过！笑话讽刺了意大利人从没打过大仗，甚至连大本营都不曾离开半步。

意大利士兵在欧洲战场上的糟糕表现并不代表意大利军工生产也很糟糕。意大利军工业设计、制造能力虽然不及德国等老牌工业国，但也有自己独特的个性。20 世纪 70 年代，意大利制造了很多享誉世界的知名枪械，其中伯莱塔 M12S 就是最著名的一种。

1978 年，大名鼎鼎的枪械制造专家伯莱塔公司对原来的 M12 型冲锋枪进行了升级和改造，重新设计了一款新式冲锋枪，这款被命名为伯莱塔 M12S 型的冲锋枪推出后立刻受到军方高层的青睐，迅速装备到意大利军队。20 世纪 80 年代，伯莱塔公司授权印尼和巴西生产 M12S 冲锋枪并装备到部队，另外塞尔维亚和突尼斯两国也大量装备了伯莱塔 M12S。此枪不仅被各国军方赞赏，在民用和警用领域也颇有建树，许多国家的执法机构和特种作战部队也装备了伯莱塔M12S，如美国SWAT分队、法国反恐内勤部和英国皇家空勤团等都在使用这种武器。自从美国进入伊拉克，这种武器又出现在伊拉克战场，许多保安部队和武装保镖纷纷购买伯莱塔M12S。

伯莱塔M12S设计思路是简洁实用，能用大零件绝不拆分成小零件。M12S全枪共由84个零件组成，膛线、枪管和击发器等零件表面均镀铬、耐高温、抗摩擦，使用寿命长，抗腐蚀力强；伯莱塔M12S将保险开关和快慢机两个按钮的功能合二为一，合成一个旋转式的快慢机、保险控制机柄，因此此枪机柄分为三挡，即全自动、半自动和保险。这一设计显然参考了德国的MP40，不仅减少了零部件，减轻机枪重量，操作起来也非常方便：就算子弹上膛也很安全，射击时只需将机柄拨到半自动或全自动即可射击，这在战场上是很重要的。

为了使枪更加牢固，伯莱塔M12S把大部件全部设计成一个整体，弹匣插座、前握把、后握把和发射机座等采用现代锻造焊接工艺铸为一个整体部件，并且和机匣相连。这种的设计让M12S如同一块钢板，特别坚固耐用。精钢制成的枪托可折到枪身右侧，也可以换成可以拆卸的木制枪托。由于该枪横向尺寸小，有可折叠枪托，使M12S的整体尺寸十分紧凑，极易隐藏和携带，这也是它受到各支特种作战和反恐部队青睐的原因。

完美的设计，精湛的制造工艺和卓越的实用体验，让伯莱塔M12S冲锋枪被公认为是世界上最好的冲锋枪。

知识小链接

意大利的伯莱塔有限公司是世界上最古老的枪械生产工业组织之一，有文献资料显示，它还是第一支手枪的故乡。早在1526年，伯莱塔收到了威尼斯兵工厂的296个金币，作为185套火绳枪枪管的订金。这段有据可查的历史说明早在16世纪初期伯莱塔家族就已经开始生产轻武器了。

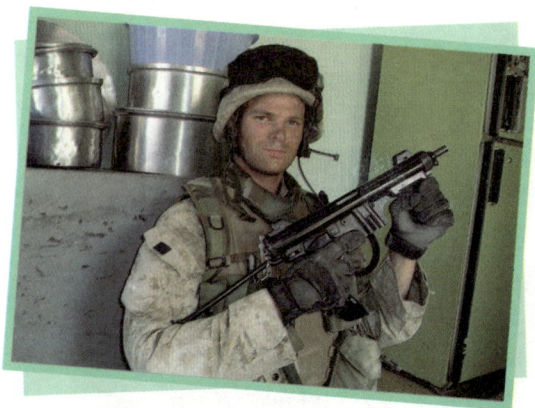

为反恐而生——PP-2000 冲锋枪

PP-2000 于 2004 年在巴黎军备展上首次公开向全世界亮相，立刻引起轰动。

19 99 年 8 月，第二次车臣战争爆发，经过一年的战乱，俄罗斯才艰难地取得了这场战争的胜利。曾经打退过希特勒疯狂进攻的俄罗斯陆军为何对付一个弹丸之地的车臣都显得力不从心？难道是武器装备落后了？

当然不是！原来，当俄罗斯陆军将大量的重型坦克和火炮开进车臣时，发现根本无法施展开来，车臣属于高加索地区，这里山地和丛林居多，作战小分队进入战地时，根本无法得到重型武器的火力支援，而自身携带的轻型武器在火力上没有明显优势，不足以对付熟悉地形的车臣叛军。针对以上问题，俄罗斯图拉仪器设计局很快设计了一款全新的冲锋枪——PP-2000。

PP-2000 新式冲锋枪长只有 300 毫米，枪管长 139 毫米，空重 1.4 千克，外形更像一只大手枪。它配用 44 发容弹匣，堪称世界同类型轻型冲锋枪之最。PP-2000 采用独创的减速装置，把理论射速降低到 600 发 / 分左右。一般知名的冲锋枪理论射速都在 1000 发 / 分，这款冲锋枪为什么要降低射速呢？原来是为了确保连发射击时的精度和密度。它的外形如此紧凑，体积如此小车臣战争是指20世纪90年代俄罗斯联邦和其所属的车臣共和国分离分子之间爆发的两次战争。车臣战争有着深刻的历史和民族因素。第一次车臣战争爆发于1994年12月，车臣获得非正式的独立地位；第二次车臣战争爆发于1999年8月，俄罗斯获得了绝大部分车臣土地。战后车臣的恐怖活动依然频繁，是目前世界上最危险的地区之一。

巧，结构却又如此简单，完全可以与现代战斗手枪媲美。

PP-2000如此小巧精致，会不会影响了它的杀伤力？答案是否定的！PP-2000冲锋枪最大优点是枪小而杀伤力大。该枪使用9毫米枪弹，能在100米有效射程内击穿任何超硬防弹背心，可以有效打击防弹汽车里的目标，堪称反恐利器。

PP-2000枪小而能力强，它非常适合非军事人员或平民用作自卫武器，也可以作为特警或特种部队近距离格斗武器。

虽然目前暂时还没有被任何部队正式装备，但一些执法机构、反恐部门和军事单位都对此枪表现出强烈兴趣，纷纷采购少量枪支来试用。

随着世界进入相对和平时期，暂时不会有大规模的战争和地区冲突，各国军事部门开始纷纷转向反恐领域，在采购军械方面也不再重视杀伤力和火力大小，转而向小巧型、隐蔽型、射速型。毫无疑问，PP-2000冲锋枪将来一定会被大规模地引入到反恐领域，必将有一番作为。

Part1 第一章

装备国家最多的步枪——M16

两家公司竞标新枪的设计制造，分别是柯尔特公司和赫尔斯特兵工厂。最后，柯尔特公司中标，联合赫尔斯特兵工厂共同设计制造 M16。

电影《阿甘正传》中，阿甘和战友们被派到了越南战场上，他和战友们沿路巡逻，每人胸前挎着一支长长的步枪。这种步枪就是赫赫有名的 M16，也是目前世界上装备国家最多的突击步枪。

说到 M16，就不得不提尤金·斯通纳，正是这位举世公认的枪械设计大师，设计制造了 M16 自动步枪。M16 的原型机是在 AR-15 的基础上设计、改进的，而 AR-15 就是尤金·斯通纳的呕心之作。

20 世纪 60 年代，美国开始装备 M16 自动步枪，但在越南战争中，早期的 M16 在战场上的表现让人大跌眼镜。一位参加过越战的海军陆战队员写给家人的信中这样描述："……信不信由你，你知道是什么武器杀了美国大兵们吗？是我们自己的突击步枪。在我们离开冲绳岛赶赴越南战场前，我们都配发了这种新式突击步枪——M16。真是可笑，它不仅没有帮我们在战场上占领上风，反而害了我们的命：几乎每个被枪杀的战友死的时候都在咒骂他手里的步枪——他的 M16 出故障了。一位曾经跟随我们的战地女记者拍下

了这些照片，国防部发现后阻止了她公开这些照片。唯一的理由是担心这些照片会影响美国人的情绪，美国兵被自己的枪杀死，这不是很可笑吗？……"

纸里包不住火，M16 的各种弊端首先被法国巴黎的一家报纸报道出来，美国媒体纷纷转载。消息传开，美国民众一片哗然，批评 M16 的声音此起彼伏，尤其是那些反对小口径的人更是添油加醋，加上柯尔特公司的竞争对手推波助澜，M16 一时被推到了风口浪尖上。该枪出现这些故障的原因是多方面的，首先是越南潮湿闷热的气候，若不及时擦拭维护，枪膛很容易生锈，导致卡壳；另外所使用的枪弹也是主要原因。

> **知识小链接**
>
> 在越南战场上，北越士兵经常采用挖地道偷袭美军，令美军吃了大亏，后来美军特种部队就埋伏在地道出口附近，北越士兵刚出来就被 M16 密集的火力所射杀，于是他们称 M16 为"黑枪"。虽然美军在越南战场失利，但 M16 从此借越南战场而名扬天下，柯尔特公司两年就生产了 350 万支 M16。1974 年，美国陆军又采购了 270 万支。M16 为军火商带来滚滚财源。

柯尔特公司立刻组织研究人员对 M16 进行了大范围的改进，例如重新设计缓冲器，弹膛镀铬，降低射速，增加维护工具，更换新的枪托，枪托内贮存清洁工具等，使清洁工具能贮存于步枪内；膛线缠距由 14 英寸改为 12 英寸；严格控制生产工艺，提高产品质量。

改进后的 M16 全枪长 986 毫米，枪管长 508 毫米，膛线 6 条，缠距 305 毫米；空枪重 2.7 千克，满装弹匣 3.77 千克；理论射速 700～950 发 / 分，有效射程 600 米，子弹初速 975 米 / 秒；弹匣容量分别为 30 和 60 发；瞄准基线长 501 毫米。

改进后的 M16 很快在战场上显露其强悍的实用性，美国军方开始大面积推广 M16 自动步枪。现在，超过 120 个国家和地区装备了 M16，其中包括我国的台湾地区。据统计，截至 1990 年，M16 共计生产了令人咋舌的 800 万支，超过任何一款枪械。这个纪录至今仍未被打破。

Part1 第一章

单兵神器——05式微声冲锋枪

进入21世纪，世界各国都在研制新型冲锋枪和突击步枪，以应对日益猖獗的恐怖活动，先后涌现出许多优秀的神兵利器，其中就有中国的05式微声冲锋枪。

中国05式微声冲锋枪采用惯性闭锁，开膛射击，属于自由枪机式自动方式。该枪设有发射机保险和握把保险，快慢机有3个刻度：处于0位置时，无法射击，实现保险；处于1位置时表示单发状态，处于2位置时，表示连发状态；并没有空仓挂机柄，可单、连发发射。05式可发射国产5.8毫米微声枪弹，但不能发射92式5.8毫米手枪弹。轻型冲锋枪可发射5.8毫米微声枪弹和5.8毫米手枪弹两种枪弹。该枪体积小、质量轻、后坐力小，射击精度高，射击时很容易控制，初学者也能快速上手。

中国05式微声冲锋枪没有枪托，除消声器外，单从外形上看简直就是缩小版的国产95式自动步枪。该枪采用柱状准星和觇孔式照门组合的简易瞄具器，设有两个可翻转照门，分别刻有"1""2"两个标志，可以根据目标距离或枪弹类型选择相对应的照门。同样瞄准100米距离以上的目标，当该枪发射微声弹时，使用刻有"1"的照门；当发射92式枪弹时，使用"2"号的照门。枪机前方

的悬臂式导轨可安装各种光学瞄准镜。

当05式完成初步设计后，项目组立刻制造了正样机，并提交相关机构进行正样机鉴定和评审，最后通过国家靶场射击测试，热区、海区、风沙区、高寒区部队试验，经过多种恶劣环境的测评鉴定后，项目组于2005年正式定型。

05式微声冲锋枪与85式微声冲锋枪的消声器都采用了可拆卸的消声碗结构。所有的85式7.62毫米微声冲锋枪的消声碗尺寸都相同，能通用；而05式的消声碗分为多种，各段内孔直径和长度均不相同，且必须得按一定顺序排列，才能达到设计效果，消声效果最佳。消声碗的排列方式和尺寸数据都是经过严格的计算和反复的试验探索出来的。

05式5.8毫米微声冲锋枪声音很小，在空旷的场地几乎听不到传统冲锋枪的"嗒嗒"声。05式微声射击时，站在射手旁边，几乎只能听到枪机撞击的声音和各部件之间的碰撞声；单发射击时枪口可以做到无烟无焰，连发射击时也仅有少量烟产生，无声无焰，使05式冲锋枪有极强的隐身性能。

Part1 第一章

美国 TAC-50 狙击步枪

TAC-50 造价高昂，工艺精湛，选材极为考究，是一种军队及执法部门使用的狙击步枪，是新型的长距离狙击武器。

2002 年 3 月 19 日，在硝烟四起的阿富汗，美国军方正联合中央情报局官员、阿富汗国防军和其他北约部队，围剿盘踞北方山区的塔利班武装分子。经过 5 天的作战后，美军圆满完成了这次代号为"巨蟒行动"的作战计划，有条不紊地进行撤退，负责提供掩护的是 5 名加拿大军方狙击手。这时，有一名塔利班分子正在攀登山崖，以占据有利位置对美军进行射击。其中一位狙击手立刻将距离 2430 米的恐怖分子击毙，创造出当时

最远狙击距离世界纪录。这一纪录直到最近才被英国的哈里森打破，他的狙击距离为 2475 米。这位英国狙击手使用的狙击枪就是著名的麦克米兰公司生产的 TAC-50 型狙击步枪。

1980 年，美国知名的军火企业麦

创下纪录的加拿大狙击手名叫罗伯·佛朗，隶属加拿大轻步兵，是一名下士。在狙击手队伍中，击杀目标后保持低调是惯例，但是这件破纪录的事却在美军中传开了。罗伯·佛朗获得了美国军方颁发的位列第四的最高荣誉勋章铜星奖章。罗伯·佛朗退役后成为加拿大艾伯塔省埃德蒙顿的一名警察。

克米兰公司推出了一款12.7毫米口径的狙击步枪。别看这款步枪貌不惊人，但售价不菲，高达2500美元，这在当时简直是天价，很多人对其持怀疑态度。但TAC-50很快以实际行动打破了世人对它的怀疑：在美国国防部和司法部联合采购会上，TAC-50在远距离射击方面表现卓越，一举击败柯尔特、雷明顿等知名企业，被国防部和司法部选中，开始批量采购。

TAC-50现在的售价高达7000美元，遥遥领先同类功能的枪械。TAC-50狙击枪采用手动后拉式枪机系统，装有知名企业制造的顶级浮置枪管，枪体表面刻有线坑用以降低机身重量，枪口处装有精心设计的制退器，能减轻射击时强大的后坐力；步枪配备可装5发的可分离式弹仓；枪托则采用麦克米兰玻璃纤维材质的强化塑胶，双脚支架位于枪体前端，俯卧射击时和射击者眼睛平行，视线开阔，利于瞄准；

枪的尾部也装有橡胶缓冲垫，枪托尾部可以轻易拆下，不使用时方便携带。TAC-50并没有机械照门，也没有原装瞄准镜，但各大使用机构均会配备高倍瞄准镜，比如文中提到的加拿大狙击手，则配备16倍超远距瞄准镜。

Part1 第一章

摄影师的杰作——M82A1

摄影师和枪械设计师有什么关系？有一位知名的摄影师因为爱好和兴趣，而将事业从摄影转移到枪械设计上，并获得了空前成功。这位天才的设计师就是美国人朗尼·巴雷特！

1982 年，巴雷特公司推出了一款新型大口径半自动步枪——M82A1，它的设计师正是公司创始人朗尼·巴雷特。该枪采用枪管短后坐设计，半自动发射方式。这一技术原本是前辈枪械大师勃朗宁开发的，但巴雷特并没有照搬大师的创作，而是创新地将这种原理加以改进并使之适用于抵肩射击。

M82A1 半自动步枪自带机械瞄准器，也可以安装光学瞄具和夜视仪。配备夜视仪的狙击枪可以在夜间清楚地观察到 1000 多米外的目标。M82A1 结构简单，组合方便，可以快速地分解成上、下机匣和枪机框 3 个部分。为了保证上下机匣的强度及耐磨性，巴雷特选用了高碳钢材料。狙击枪的光学瞄准镜、机械瞄具和提把被焊在上机匣上；两脚架、握把和枪手底板则连接在下机匣上。枪管止动销、枪管衬套则和内部枪管紧紧地焊接一起，使枪体结实耐用，非常适合野外行军。

与普通狙击步枪比，巴雷特 M82A1 优势明显：一是射程远，该狙击枪射程高达 2000 米，可轻松击穿 1000 米外的 20 毫米的装甲。伊拉克战争时，美军用该枪将伊拉克军队的救援车阻挡在 1 千米之外，不能前进；二是杀伤力强。该枪不仅可以射杀士兵，还可以破坏敌方高价值军事目标，比如弹药堆放地、军用雷达、直升机，甚至轻型装甲车辆也不在话下。美海军陆战队曾使用 M82A1 摧毁伊拉克军队的一辆装甲运兵车和炮兵指挥车。

后来巴雷特公司又研究了轻量级的狙击步枪，将两脚架和上机匣全改为铝质材料，枪机和附件质量减轻了 0.5 千克，总重量比标准型的 M82A1 轻约 2.3 千克。巴雷特狙击枪逐渐发展成了一个庞大系列，占据了狙击步枪 50% 以上的市场，是毫无争议的狙击枪之王。

知识小链接

朗尼·巴雷特原本只是美国田纳西州的一名商业摄影师，从未受过任何枪械方面的专业培训，纯粹是一名枪械爱好者。1981 年 1 月，一个偶然的机会，巴雷特决定设计一支大口径半自动狙击步枪。从设计到制造，不足一年时间巴雷特就造出了一支样枪。他立刻创建了自己的公司，并在 1982 年开始试生产。M82A1 自动狙击步枪就这样"诞生"了。

任何事物都不是完美的，M82A1 同样如此，它每发射一发枪弹时都会从制退器喷出火药气体，这种气体会在射手附近卷起许多松散的颗粒和大量尘土，从而立刻暴露狙击手的藏身位置，并把敌人的火力吸引过来。所以凡是使用巴雷特 M82A1 的狙击手都荣幸地获得了一个诙谐的称号——"炮灰狙击手"。

瑕不掩瑜——M24 狙击步枪

雷明顿枪械制造公司设计了一款新型的狙击步枪——M24，并生产了样枪送交美国五角大楼进行一系列的技术鉴定。

在1987年，经过大量测试和检验，雷明顿公司对 M24 进行了大幅度的改进，并最终定型，美国开始批量装备陆军。1988 年，在雷明顿公司大力游说下，美国军方正式采用 M24，并命名为 M24 SWS，作为陆军远程狙击武器。在对伊拉克的战争中，这款步枪以其优异的表现受到国防部和陆军参谋总部充分肯定，开始取代陆军其他狙击步枪。

说到 M24，就不得不提雷明顿的另一款经典武器——700BDL 步枪。M24 正是从这一款步枪衍生而来，它集成了700BDL 的所有优点，却避免了其后坐力太大、硝烟太浓的缺点。M24 采用加长的旋转后拉式枪机，枪托与机匣配合紧凑，线条流畅，吻合精密，给

人优雅尊贵的感觉。M24 采用较短的北约标准 7.62×51 毫米步枪弹；机匣为钢制圆柱形，这样的造型不仅可以简化加工工艺，还可以和枪托的铝制衬板上的 V 形槽相结合；枪管由特殊不锈钢制成，完全自由浮置；M24 枪管有 5 条弧形膛线，这样的设计可以提高特种弹的弹道稳定性；M24 发射 M118 特

种弹和 M118LR 远程弹等多种 7.62 毫米枪弹。

M24 在瞄准方面独树一帜，采用自动测距式瞄准镜，射手在瞄准目标时，调节瞄准镜倍率可以看出目标距离，从而计算弹道，调整射击，最大限度地击中目标。M24 采用派力逊公司的 PST-11 型枪托，材质是凯夫拉、石墨合成材料。M24 前托粗大，像海狸尾巴，上面还有较窄的小握把和安装瞄准镜的连接座。M24 为了做到隐蔽射手目的，所有金属件都经过特殊处理，表面都是乌黑不反光，和枪托巧妙地

知识小链接

大名鼎鼎的雷明顿公司是一家具有百年历史的机械公司，最初该公司以生产机械零部件、打字机、缝纫机等民用产品为主。一战时，美国采取中立政策，大发战争财。雷明顿公司抓住这一机遇，开始转型，生产枪支销往欧洲，积累了大量资本，为公司的壮大发展打下坚实基础。另外，世界上第一台键盘式打字机也是出自于雷明顿公司。

融为一体。使用 M24 的射手过河的时候必须将枪高高举起，原来为减轻 M24 重量，枪托内填充了发泡塑料。这种塑料具有很强的吸水性，遇水发泡，枪托会增重，影响平衡性。这一设计一直是 M24 的缺陷。

M24 还有个失败设计：步枪在锁紧过程中，可调托底板可以旋转，这会引起枪托前后滑动，狙击手不得不重新对其调整，使用起来十分不便。但瑕不掩瑜，M24 还是以其卓越的性能备受世界各国军方推崇，尤其是以色列，所有特种作战部队都可以见到它的身影。

Part1 第一章

远距离之王——美国 M-200

当给一支狙击步枪配备上电脑，使它有了运算弹道能力，会有怎样的效果？

2006 年的某一天，美国的爱达荷州，前海豹部队成员理查德·马科维斯正在测试一款新式狙击步枪。测试之前，他先试验性地击发了三发子弹，三发全打中了距离 823 米以外的金属制人形枪靶，现场观众一阵欢呼。

真正的测试开始，目标是 2313 米以外的金属制人形枪靶。"我的上帝，这么远的距离，人形靶在望远镜里也不过是一个豆子般的黑点，他能击中？"现场观众拿起望远镜朝目标靶望去，窃窃私语，纷纷摇头，认为这是不可能完成的任务。结果，六枪中有三枪击中目标靶，观众们发出雷鸣般的呼喊声。

参加这次射击试验的正是美国 CheyTac 公司生产的最新式狙击步枪 M-200。M-200 基于 EDM 风行者 M96 狙击步枪设计，和诸多名枪一样，它也使用了手动枪机操作，装有可自由伸缩的硬质塑料枪托。枪托设计以人为本，配有折叠式后脚架和托腮架，射击时脸部贴在枪托上十分舒服。一般狙击枪都有机械瞄具，或刻度，或准星，或照门，但 M-200 的枪管上却什么也没有。难道仅仅靠射手的运气或射击技巧就能轻易击中目标？当然不是，

M-200 上装载了一台微型电脑。

狙击步枪发展到今天，凝聚了几代人的智慧和心血，除了外形上的千变万化，机械原理和射击性能几乎没有继续提高的可能。然而人类的想象力是很丰富的，尤其是在计算机技术日臻成熟的今天，研究人员开始考虑给狙击步枪安装上电脑。CheyTac 公司开发了一种软件，用来计算子弹在高速飞行过程中受到细微的风速、地球引力、气流等各种因素的影响，帮射击者纠正弹道，为击中超远距离的目标提供有力的技术支持。该软件提供了一套简单的海拔和偏差运算，通过完整的外来环境因素、使用者和枪械系统规格一体化的数据以得出解决方案，某种程度上，狙击步枪具有了一定的人工智能。

根据 Cheytac 公司介绍，安装了弹道软件的 M-200 狙击枪能够在 2286 米的距离外，打出比 1 角分（相当于 1.7 平方厘米）还要小的精度，是现代所有狙击步枪之中有效射程最远的一种。

知识小链接

作为远距离之王，M-200 在 2006 年的报价是 10995 美元（全套包括枪＋瞄＋火控计算机等附件），而且相当时间内只对军方销售。2008 年金融危机，CheyTac 公司为了自救，申请销售民用型。军方只允许销售缩短型枪管、射程减到了 1.5 千米的型号。

英国 L7A1 通用机枪

当北约统一步枪口径后，英国不得不换掉 FN MAG，重新设计一款能使用 7.62 毫米枪弹的步枪。

一战时期，各国的枪弹口径不一，从 5 毫米到 9 毫米，各种型号五花八门，使用效果参差不齐。每个国家的军工体制和兵工厂也不尽相同。二战后，以美国为首的西方国家为了对抗苏联，成立了北大西洋公约组织，简称北约，是世界上最大的军事同盟。以前是各自为政，现在成立了统一的军事组织，就一定要有个标准的枪弹，以供各成员国家使用。经过各国军事研究人员协商，决定使用 7.62 毫米的北约标准枪弹。

英国陆军在"二战"结束时使用的重机枪是维克斯 MK1 式机枪，轻机枪为布伦机枪，使用的是本国标准的枪弹。为了适应北约的新式枪弹，英国枪械设计人员参照 FN MAG 重新设计了一款轻型武器，这就是 L7 通用机枪。

经过长时间的试验和对比，英国陆军最终选中 L7A1 型通用机枪，并授权恩菲尔德 - 洛克皇家轻武器工厂生产此枪。1960 年，英国开始预装 L7A1，首先装备的是突击队、特种部队、空降部队，后来逐渐在英国陆军大范围装备。70 年代末，许多英联邦国家也开始大批量采购 L7A1 通用机枪。这让生

厂商恩菲尔德 - 洛克皇家轻武器工厂赚得盆溢钵满。

由于 L7A1 是脱胎于比利时的 FN MAG 通用机枪，结构上和 FN MAG 大致相同，两者在尺寸、操作、特性和功能上大致相同，有些零部件甚至可以互换，只是在枪管部分做了少量的修改，以适合英国的制造工艺。

顾名思义，通用机枪既能当轻机枪使用，也可作为重机枪。L7A1 作为轻机枪

使用时采用机枪本身携带的两脚架；作为重机枪使用时，则安装有带缓冲器的三脚架；枪体的前部有片状准星，后面有照门；L7A1 使用北约标准的 7.62 毫米枪弹，子弹初速超过两倍音速达 838 米 / 秒，理论射速 750 发 / 分，采用传统的导气式自动方式，杠杆起落式锁闭方式，连发单反皆可。轻机枪全长 1232 毫米，重机枪 1048 毫米；枪管长 679 毫米，4 条右旋膛线，缠距 305 毫米。

成也萧何败也萧何，恩菲尔德 - 洛克皇家轻武器工厂因为生产 L7A1 而声名鹊起，可工厂却没有继续研发新品，最终在激烈的竞争中渐渐被淘汰。恩菲尔德 - 洛克皇家轻武器工厂最终倒闭，曾经辉煌的 L7A1 通用机枪也风光不再，英国人只能在回忆中重温 L7A1 曾经的荣耀。

第二章
战场霸主——火炮

　　火炮，顾名思义就是利用火药燃烧时产生强大的瞬时压力，将弹丸抛出，以击杀远距离目标。早在我国的西周时期，就有使用"抛石机"的记载。但毕竟人使用机械的力量有限，不可能将弹丸弹射多远。直到火药被发明，才为大型火炮的诞生提供可能。

Part2 第二章

帕拉丁战神——M109 自行榴弹炮

M109 自行榴莲炮是一种美制 155 毫米口径自行火炮，于 1963 年开始进入美国陆军服役，提供师和旅级部队所需的非直射火力支援。从 1963 年量产至今，生产总数已超过 7000 辆以上，装备超过 30 个国家。

全世界有 100 多个国家都设计生产了火炮，型号不下千种，但美国的 M109 式 155 毫米自行榴弹炮却是装备时间最长的火炮。

1959 年，通用动力公司在原来 M44 和 M55 自行榴弹炮的基础上，设计完成了一辆样车，该车原本打算使用 156 毫米口径。新车克服了原来敞开式炮塔和高大笨重的缺点，经过国防部和美国陆军部设计鉴定，1963 年 7 月，新车被正式命名为 M109，开始装备美国陆军各大军种，包括装甲师、机械化步兵师和海军陆战队。

M109 自行榴弹炮采用 155 毫米口径，23 倍身管，炮膛寿命为 2500 发；射速为 1 发 / 分，短时间内可达 3 发 / 分，采用半自动输弹机；发射角度为 -3—+75 度；炮弹基数为 28 发，采用分装式；炮弹包括榴弹、化学弹、子母弹、布雷弹、烟幕弹、照明弹等。70 年代改进后的 M109 甚至可以发射核弹、贫铀弹和"铜斑蛇"式激光制导炮弹；榴弹射程能达到 14.6 千米；动力装置采用通用公司当时最先进的二冲程水冷涡轮柴油机，总功率 298 千瓦，最大时速为 56.3 千米，最大行程为 354 千米，改进型的最大航程 420 千米。

作为通用公司的拳头产品，美军一直不遗余力地大力游说北约各国采购 M109。迫于美国压力，北约所有国家基本或多或少地采购了 M109，成为北约的主力自行榴弹炮。

M109 可以用飞机空运，也可用火车运输。在其服役的 20 世纪 60 年代到 90 年代，通用公司从没有停止过对其进行升级改造，使其始终保持着先进的水平，尤其是最新的 M109A6，由于对榴弹炮的火控系统进行了大幅度的改进，使其变成美军现代作战的标准榴弹炮配备，是美国陆军重型机械化部队最主要的火力支援武器。

该炮服役以来，出现在世界各大战场：越南战争、五次中东战争、两次海湾战争等，尤其是在持续八年的两伊战争中，M109 自行榴弹炮驰骋在中东广袤的沙漠中，大显神通。由于伊拉克和伊朗都大量装备了此型榴弹炮，使彼此双方在战场上相互胶着，不分上下。1990 年，以美国为首的多国部队发动了"沙漠风暴"，改进型的 M109 又一次大展雄风，千炮齐发，一起射向伊拉克军队阵地，为最终击败伊拉克军队立下汗马功劳。

文明与科技的结晶——兵器

英国 AS90 式榴弹炮

英国威克斯造船与工程有限公司根据市场调研结果，开始制造一种型号为 GBT155 的 155 毫米榴弹炮。

英国国防部强调，新炮必须配装到原有的坦克底盘上。原有坦克的火炮在战斗空间、乘员进出、弹药补给等方面均有不足，于是英国国防部决定发展 20 世纪 90 年代的先进火炮系统，AS90 自行榴弹炮被提上日程。

AS90 于 1984 年开始设计，在 GBT 的基础上，改进了发动机，把原来 39 倍口径的身管火炮改成 52 倍。AS90 可谓是众多工业界巨头智慧的结晶：火炮由诺丁汉皇家兵工厂制造，而美国康明斯公司负责发动机和动力装置，英国航空测量仪器公司则负责所有精密仪器的制造。1986 年，第一门样炮制成，并首次在英国陆军装备展会上展出，其后相关部门又对其进行了各种试验和测试，针对存在的问题进行了升级改造，正式定名为 AS90——意思是 90 年代的火炮系统。

1989 年，英国陆军正式大量采购 AS90 自行榴弹炮，用来取代阿伯特 155 毫米和美国制 M109 式 155 毫米自行榴弹炮。AS90 装有当时最先进的火控计算机、配备 GPS 车辆导航系统、自动供弹系统和夜间瞄准系统；火炮最大初始速度为 827 米 / 秒，最大射速 6 发 / 分，榴弹炮最大射程可达到 24.7 千米，底排弹 32 千米。火炮用履带车装载，康明斯卓越的动力系统能使炮车以 53 千米 / 小时的速度快速前进，最大行程为 420 千米，炮班人数 5 人。

知识小链接

何谓榴弹炮？榴弹炮是一种身管较短，弹道弯曲，适用于打击隐蔽目标和地面目标的野战炮。按机动方式可分为牵引式和自行式两种，能发射燃烧弹、榴弹、特种弹、杀伤子母弹、碎甲弹、制导弹、增程弹、照明弹多种弹药。

AS90 火炮易于生产、使用和保养，火炮设计之初就充分考虑了未来科技发展趋势，能随时针对火炮进行升级改造。AS90 炮管可从炮塔前面抽出，反后坐力装置为液体气压式，由 1 个复进机和 2 个制退机组成。当发射远程全膛底部排气弹时，最大射程可达惊人的 40 千米。

AS90 炮塔上涂有隔热层，防止连续射击时炮身发热。20 世纪 90 年代后期，威克斯公司得到南非和瑞士等技术公司的支持，重新设计火炮身管，大幅提高了火炮使用寿命。北约对火炮的要求是至少 2000 发的全装药射击，而 AS90 在测试时曾达到 5000 发而身管丝毫无损。当然，这只是测试时的数据，若真正装备部队，在各种自然条件下，AS90 未必能达到测试时的水平。

■ Part2 第二章

德国巨无霸——自行榴弹炮

PZH2000 是当今世界上最先进的火炮之一。它的一个特点就有拥有很高的射速，在急速射模式下，PZH 2000 能在 9 秒时间内发射 3 发炮弹，在 1 分钟之内连续的发射 10~13 发。

说到榴弹炮，有一个国家是必须重视的，它的工业制造能力只有后来的美国能匹敌，它的设计能力、严谨的科学精神和不乏天才般的创新能力等都是工业国家的典范。在这些能力的背后，成长了一大批享誉世界的工业品牌：西门子、BMW、奔驰、大众、奥迪、莱卡等，数不胜数。这个国家就是发动了两次世界大战的德国。

进入 20 世纪 90 年代，欧洲各国开始逐渐淘汰美国的 M109 式榴弹炮，有的直接从美国购买新式火炮，而有的国家则开始自行设计生产国产火炮。英国自主设计了 AS90，而德国另辟蹊径，研发了 PZH2000 自行榴弹炮。

20 世纪 90 年代初，莱茵金属德特克公司中标德国新一代火炮的研制。1994 年，第一辆样品炮车被送往德国国防部门测验。相对于其他炮车 50 千米左右的最高时速和 400 千米的航程，PZH2000 能达到每小时 70 千米的速度和 700 千米的航程，具备了主战坦克级的机动能力。该车充分发挥了德国在汽车制造行业的先进技术，机动性极佳，越野能力卓越。PZH2000能协同坦克和机械化部队高速机动，执行防空、反坦克任务，能攻击中、远程地面目标。它的火力同样卓尔不凡，数辆自行火炮即可迅速组成强大的防空、反坦克网，能最大程度地发挥综合火力。PZH2000具有不容小觑的防护能力，它吸收了坦克和装甲车的优点，车体装有10～50毫米的装甲，却又能做到机动灵活。

知识小链接

自行榴弹炮和坦克的区别：坦克具有火力攻击、机动通行和装甲防护等能力；自行榴弹炮车与其相比缺乏了装甲防护能力。两者的战术主要体现在火力攻击能力上：坦克使用的是小口径的加农炮，战车自重大而携弹量小；自行榴弹炮车使用的是榴弹炮，口径大，射程大，战车携弹量大。

PZH2000的自动装填结构、高级射击控制装置代表了火炮界最新的潮流。车体前方左部为发动机室，右部为驾驶室，车体后部为战斗室，并装有巨型炮塔。这种布局能够获得宽大的空间。乘员包括车长、炮手、两名弹药手以及驾驶员共5人；自卫装备包括安装在炮塔上面的7.62毫米机枪和炮塔前后的烟雾发射装置。PZH2000在瞄准方面同样不惜血本，装载了主战坦克级的战斗瞄准系统，能够在夜间作战；它的155毫米炮弹的重量为45千克，初速900米/秒，只需一炮击中，可立刻摧毁任何型号的主战坦克；23升的燃烧室能提供炮车所需要的强劲动力；PZH2000的电子火炮控制系统由德国的威德尔公司供给，包括炮口自动机械升举和横动驱动和半自动援助，直接瞄准使用电子仪表控制和手动控制；自动填充装置可以在2分钟30秒内发射20发炮弹；炮车战斗重量总重55吨，这在所有类型的自行榴弹炮里首屈一指。

沙漠之星——南非 G6 自行榴弹炮

南非 G6-52L 自行榴弹炮是在 G5 式牵引榴弹炮和 G6 式自行榴弹炮基础上研制而成的一种 6×6 轮式 155 毫米自行榴弹炮，它采用 52 倍口径身管。该火炮作为 21 世纪初的产品，与其他自行榴弹炮相比可谓标新立异，独具特色，并凭借其超远的射程、灵活的机动性，受到国际火炮专家的一致肯定。

在众多知名的自行榴弹炮家族中，性能卓越者大部分是欧洲、美国或苏联制造，但有一种榴弹炮却不得不提，就是发展中国家南非自主制造的 G6 式 155 毫米轮式榴弹炮。

20 世纪 70 年代末，南非开始筹备自主设计制造自行火炮。国防部在 G5 战车的基础上，着手研制具有自行能力的 G6 自行榴弹炮。设计之初，国防部门就采用什么底盘争论不休：一方认为设计现代化的自行火炮一般都是 40 吨以上，如此重量就要求必须是履带式底盘；另一方认为，南非公路网发达，南部非洲地区大多为高原和沙漠地带，地势平坦，轮式优势更明显。最终，国防部门经过认真研究，决定独辟蹊径，研究大吨量的轮式战车。世界上大口径的自行火炮中，绝大多数是采用履带式底盘，而采用轮式底盘的只有捷克斯洛伐克的 DANA 火炮。要将 40 多吨的战车和 155 毫米的大炮安装到 6×6 的轮式底盘上，没

轮式自行榴弹炮的优点：
轮式火炮是以一种成本较低廉的牵引式榴弹炮与卡车底盘有机结合，通过巧妙设计而成。轮式自行榴弹炮具有较强的战术机动性、快速反应能力，与履带式自行榴弹炮相比具有列装成本低、操作和维修方便等优点。但在火力、射程、爬坡、装甲、翻越障碍方面不及履带式炮车。

有前例可供参照，在设计上是相当棘手的。1986 年，经过四年的研制，南非军方制成了 4 台样车，开始投入性能测试。1988 年开始正式定型车，并投入小批量生产。90 年代初期，南非在装甲师炮兵团装备了大量的 G6 自行火炮。由于 G6 炮车适合平坦的沙漠地带，价格相对欧美制便宜，90 年代有许多中东国家相继从南非进口了很多这种炮车，比如阿联酋和阿曼。

G6 轮式战车采用焊接钢装甲结构，车底采用双层底装甲，可承受 3 枚地雷的爆炸力。车上还装有 1 套 34 千瓦的辅助动力装置，安装在炮塔后部，主要用来为驾驶室内空调系统提供动力。G6 设计之初就是针对沙漠腹地，因此安装了大型的空调系统。炮塔、火炮、弹药是 G6 自行榴弹炮的战斗部分，也是其威力所在。G6 的炮塔都是由钢装甲焊接而成的，可防 23 毫米穿甲弹和炮弹破片的攻击。炮塔

形体较大，为炮手提供了宽敞的战斗空间。炮塔可以旋转 360 度，在实际射击时只能左右各转动 70 度。G6 的 6×6 的含义是：动力装置为 386 千瓦的风冷柴油机，变速箱设有 6 个前进挡和 1 个倒挡，轮车采用后 4 轮驱动，也可根据需要挂上"前加力"，前轮也能成为驱动轮。为了便于在沙漠地带行驶，G6 采用了低压大直径防弹轮胎，另有轮胎气压中央调节系统，可根据不同的路面调节轮胎的气压。由于 G6 采用了大直径、新材料、高承载力的轮胎，可以做到只用 6 个轮胎就能承载 47 吨的重量，这在设计上是很先进的。

Part2 第二章

"十字军战士"——美国 XM2001

20世纪80年代末，美国为了在冷战中力压苏联，决定秘密制造一种杀伤力极强的自行火炮，以取代 M109 系列自行榴弹炮。

在 1987 年，美国联合防务公司中标国防部下一代自行榴弹炮的设计制造，并相继研制了几款样车。直到 2000 年，联合防务才正式推出样车。为什么一款榴弹炮会耗费这么长时间？原来，新一代的火炮本来就是针对苏联的，但由于苏联在 20 世纪 90 年代初解体，昔日的对手轰然倒塌，国防部需求不那么迫切，于是削减经费，导致 XM2001 难产。

五角大楼原计划采购 824 套 XM2001 武器系统，以装备美国陆军，但由于此炮车造价极高，连一向财大气粗的美国也不得不考虑承受力。权衡再三，美国停止了采购合同，

XM2001 自行榴弹炮的研制计划也被迫取消，这个世界上杀伤力最强的火炮，最终没有出现在世人面前。

XM2001 式 155 毫米自行火炮采用 M1 主战坦克的通用底盘，研究人员使用了最新的计算机技术，设计了最新的车载式网络化信息处理技术，具备其他火炮自叹不如的自动化火力控制和指挥控制能力。XM2001 有个外号——"十字军战士"，由于运用了最新的数字科技，火炮在射程、精度、弹药补

给、机动性、信息化、自动化等方面比陆军现在装备的 M109 系列均有很大的进步。它具备 24 小时全天候、全地形作战能力。火炮采用不可思议的 56 倍超大口径身管和 155 毫米火炮，采用激光点火和模块式反后坐力装置，最大射速 10 ～ 12 发 / 分，榴弹射程为 40 千米，增程弹最大射程为 50 千米；炮车战斗全重 55 吨，弹药基数 60 发，供弹车携有 130 发弹丸；仅仅 3

知识小链接

美国联合防务公司为 XM2001 投入了十几亿美元的科研经费，他们也的确有理由为此感到骄傲。但美国国防部预算委员会认为，XM2001 造价高达 1550 万美元，如此高的价格让军方无法承受；另外，2001 年，美国开始将防务中心转移到反恐上，传统的"大器"已经不再吃香。以上种种缘由让国防部最终忍痛终止 XM2001 项目。

辆的"十字军战士"即可在 20 分钟内实施 180 发炮弹的攻击，相当于 18 辆的 M109A2 或 9 辆 M109A6 "游侠"的威力；它的动力装置使用的是英国帕金斯公司 CV1500 柴油发动机，采用了燃油喷射技术、先进复合材料和复合增压技术，单位功率达 27 马力 / 吨，相当于 1103 千瓦的功率。仅此一项，足以让世界其他火炮汗颜。XM2001 公路行驶速度可达 78 千米 / 小时，越野速度 48 千米 / 小时，能翻越 1.3 米高的障碍。由于炮车信息化程度非常高，几乎所有操作都是计算机数字化，因此全车乘员只有 3 人。

XM2001 不存在真正的竞争者，它唯一的敌人就是制造成本。超强的性能背后是高昂的造价，这也成了它的致命伤。其骇人的杀伤力和恐怖的火力让对手不寒而栗，人们现在可以额手相庆了：幸亏这种自行榴弹炮的生产被终止，否则，它所到之处，不知又要伤及多少性命。

■ Part2 第二章

"亚洲第一"——韩国 K9 自行榴弹炮

> 20世纪，韩国为了应对来自朝鲜的威胁，不遗余力地发展常规武器，K9 自行榴弹炮就是韩国引以为豪的佼佼者。

在 1950 年，朝鲜战争爆发。1953 年，交战双方在三八线附近的板门店签订停战协议，从此朝鲜半岛分裂成两个国家，这里也成为世界上火药味最浓的地区。朝鲜拥有 2000 多门各类火炮，火力范围覆盖了首尔地区。

韩国为了应付威胁，于 1989 年开始研制自行榴弹炮。1994 年，该炮正式定型并命名 K9，1998 年开始批量生产，1999 年正式向国防部交付 68 门火炮，韩国陆军希望把此炮当作 21 世纪初期的主要炮型。从开始研制到装备陆军，承建的韩国三星宇宙公司共耗时 10 年。

K9 是亚洲国家里第一个使用 52 倍口径 155 毫米的自行火炮，火炮药室容量 23 升，装有双室炮口制退器和抽气装置。炮管有温度报警装置，能为自动火控系统提供炮管温度。炮尾装载了多普勒式初速测速系统，能为车载计算机提供弹丸初速信息。全膛增程底排弹初速为 924 米 / 秒，底排弹和增程弹最大射程分别为 40 千米和 30 千米。

K9 装有 21 发底火自动填装系统，可自动抽入、输送和抽出底火。火炮的最大射速为 6～8 发 / 分，持续射速为 2～3 发 / 分。该炮的反后坐系统有 1 个气压式复进机和 2 个液压式助推机。

K9 的炮塔和车体均是钢装甲全焊接结构，装甲最厚为 19 毫米，可防中型口径轻武器枪弹和 155 毫米榴弹碎片。全车乘员组为 5 人，含 1 名驾驶员和 4 名战斗乘员。K9 的动力系统采用德国 MTU 公司的水冷柴油机，最大功率为 735 千瓦，

知识小链接

集万千宠爱于一身的 K9 自行榴弹炮是否真的像韩国吹嘘的那样世界第二、亚洲第一，让人怀疑。不过事实胜于雄辩，在 2011 年的延坪岛炮战中，韩国的 6 门 K9 有 2 门炸膛，却没有击中任何朝鲜境内目标，一半多的炮弹打在海里。

略小于德国和英国制火炮。火炮设有 4 个前进挡和 2 个倒挡。K9 采用履带型底盘，最大行驶速度为 67 千米 / 时，这一参数堪称优秀，但最大行程却只有 360 千米，是几款火炮中行程最短者，这一点显然是考虑到朝鲜半岛相对狭小，行程没必要太大，毕竟实际需求是最重要的。

尽管韩国口口声声说 K9 是完全由韩国军方设计、制造的，并引以为豪，但一些军事家认为它不过是以美国 M109A2 为蓝本研制的，也有一些观察家认为它的尺寸、结构和外形与英国的 AS90 极为相似。另外 K9 的发动机、动力装置等许多重要系统均采购他国，因此军事专家们认为韩国自主的东西并不多。有专家不无幽默地说："K9 可能除了迷彩和国旗是韩国自己的，其他都是引进的。"韩国能在短时间内研制出性能卓越的自行火炮，肯定是有为了缩短研制周期、降低成本，最大限度地采用世界知名火炮的技术参数的成分。虽然免不了有拼接、山寨的嫌疑，但也不失为便捷道路。总之，韩国国防部历时十余年，耗资 1.7 亿美元，终于推出这么有分量的巨兽，足以"笑傲江湖"了。

国人骄傲——PLZ-05 自行榴弹炮

PLZ-05 的威力不仅在于火力支援能力，在解放军陆军战斗序列中，自行榴弹炮实际上被称作"自行加榴炮"，也就是说解放军的自行火炮还要承担充当加农炮进行近距离直瞄火力射击的任务，用来摧毁敌方防御工事、战场设施，或与敌方坦克和装甲战斗车辆直接交战。

2005 年 9 月 21 日，第十一届北京航展开幕，中国北方工业集团在室内展厅的显著位置展出了一款名为 PLZ-05 式 155 毫米自行榴弹炮的缩比模型，国际舆论哗然，立即引起各方关注，尤其是西方军事部门。因为这是中国迄今为止研制成功的第二种 155 毫米自行榴弹炮，国外媒体纷纷猜测，拥有强大火力和动力系统的 PLZ-05 将成为中国陆军未来 20 年里主力火炮。

PLZ-05 具有高度的火力反应速度、灵活的机动性和先进的火控指挥及瞄准自动化水平。但中国军工业或多或少受苏联的影响，该炮也有俄制武器的影子，例如自动头单机，就是采用俄制式。这一设计一定程度上制约了火炮的整体性能。不过北方兵器集团已经开始改进提高。

PLZ-05 式是中国军工业自行研制的主战装备之一，该项目在 20 世纪 90

年代就已立项，是在原来的 PLZ45 型自行榴弹炮的基础上发展而来。该炮与德国 PZH2000 一样，同样采用 52 倍口径身管，属于第三代自行榴弹炮。

其实，中国在火炮制造技术上一直站在世界前列。20 世纪 80 年代就自行设计生产了主要供出口的 PLZ-45 式自行榴弹炮，当时的底排弹射程就已经达到 40 千米，发射火箭增程底排弹的射程更是达到

知识小链接

韩国的 K9 与中国的 PLZ-05 哪个是亚洲第一？韩国 K9 更多的是考虑韩国本土作战需求，它大量地直接采用知名火炮设计参数，很少有自主科研成分；中国的 PLZ-05 则完全参照已取得巨大成功的 PLZ-45 火炮，拥有完全自主知识产权，无论射程还是航程都领先于韩国 K9。

惊人的 50 千米。这一水平在当时的 45 倍口径身管火炮里就出类拔萃，即使与世界诸多 52 倍口径火炮相比也毫不逊色。十年磨一剑！时隔 17 年，采用了新的 52 倍口径身管的 PLZ-05 自行榴弹炮在动力、航程、射程和弹道性能上自然更胜一筹。据信，PLZ-05 发射低阻全膛底排弹射程超过 50 千米，火箭增程底排弹的射程可达 70 千米，这在已知的同类榴弹炮中独占鳌头。PLZ-05 的弹丸初速为 890 米 / 秒，最大航程可达 520 千米，非常适合中远距离作战；动力系统采用德国柴油机，最大功率为 820 千瓦。所有以上参数都决定了 PLZ-05 强悍的性能和巨大的杀伤力，必将成为人民军队引以为豪的神兵利器。

死亡钢雨——M270 多管火箭炮

M270 多管火箭系统的发射箱可以携带 12 枚火箭或两枚 MGM-140 陆军战术导弹系统（ATACMS）导弹，前者携带有导引或无导引的弹头射程可达 42 千米，ATACM 的射程则达到 300 千米远，而导弹的飞行高度可达到 50 千米。M270 多管火箭很适合使用打带跑战术：在发射火箭之后，迅速转移阵地，避免受到炮火反击。

为落实新的指导思想，各国竞相推出新式武器，美国 M270 式 227 毫米多管火箭炮就是在这种背景下应运而生的。

1979 年 7 月，美国与北约部分成员国决定联合生产标准型多管火箭炮。美国沃特公司获得国防部合同，于 1982 年开始投入批量生产，首批产品于 1983 年装备美军。

M270 多管火箭炮采用模块化技术，机动性和防护性能好，火力密集且精

度较高。经过升级的 M270 还可以同时具备发射陆军战术地对地导弹的能力，被西方认为是目前最好的火力支援系统。它的武器系统由发射系统、火箭弹、运载车和数字火控系统等组成。M270 式火箭炮由履带发射车、发射箱和火控系统三大部分组成。发射车由 M2 步兵战车改装而成，防护能力和机动性较好。发射系统有两个发射箱，每个箱中又有 6 个发射管，贮存 6 发火箭弹；运载车是用步雷得利步兵车改装而成，有很强的越野和机动能力。动力系统最大功率为 367.5 千瓦，双用途子母弹最大射程为 32 千米，反坦克布雷子母弹最大射程为 40 千米，连发射速为每分钟 12 发。

知识小链接

多管火箭炮，顾名思义是一种有多个发射管，能同时发射十几门火箭弹，但无制导功能的火箭炮。虽然多管火箭炮的精度和装填速度都很低，但可在短时间发射大量火箭以命中大范围目标。除美国以外，M270 火箭炮也已经装备了日本、韩国、泰国、新西兰、澳大利亚、荷兰、希腊、沙特阿拉伯、土耳其和以色列等国，总量超过 1000 门。

M270 的火箭弹原来直径是 203 毫米，但为了提高火力，将直径改成 227 毫米。运载车内有 644 个反步兵或反装甲双用途子弹，它的直径虽只有 35 毫米，重 230 克，但可以轻松击穿 100 毫米的装甲，能毁伤车内设备和敌人。它的未制导反坦克子母弹射程达 45 千米，可单发也可连射，战斗状态全重达 25 吨。

1991 年的海湾战争中，美军借机将许多先进武器带到伊拉克沙漠腹地，把战场当成武器试验场。美军共投入 189 门 M270 多管火箭炮，总共发射超过 1.7 万枚子母火箭弹，这些子母弹包含了 1170 万粒子弹……所有这些数据足以震慑伊拉克士兵，给他们的心灵和肉体造成了巨大的伤害。借着海湾战争优秀的表现，沃特公司借机向国会游说，劝说国防部采购更多的 M270。

宝刀永不老——喀秋莎火箭炮

喀秋莎火箭炮是第一种被苏联于第二次世界大战大规模生产、投入使用的自行火箭炮。这些多管火箭炮能迅速地将大量炸药倾泻于目标地，但其准确度较低。它们虽比其他火炮来得脆弱，但价格低廉、易于生产。

在 1941 年 7 月 14 日，德军中央集团军先头部队刚刚攻占了苏联战略重镇——奥尔沙。这时的德军忙得不亦乐乎，正在整理缴获的军用物资，同时抓紧时间将后方的补给物资运往这个靠近前线的供应站。

下午 2 时 30 分，一阵刺耳的咆哮声吓住了正在忙碌的德军，紧接着一顿

迅猛的密集炮火把火车站附近的德国兵和他们刚刚整理好的物资列车全部炸上了天！莫名其妙的轰炸来也匆匆去也匆匆，爆炸仅仅持续了不到 10 秒，一切又归于寂静。幸免于难的几个德军士兵迷惑不解：苏联人用的这是什么火炮，能在这样短的时间内倾泻如此多的弹药？随行的军事参谋立刻将苏军使用的新式火炮迅速上报，德军高层和军械专家们同样迷惑不解。这一谜团直到莫斯科会战期间才解开。德军缴获了一种从未见过的火箭发射器，它被安装到一个大型卡车上。德国人恍然大悟，这才了解了苏联的这种秘密武器。它就是本文的主角——喀秋莎火箭炮。

1928 年，经过杰出的火箭专家迪秋米洛夫三年的攻坚克难，终于研制出

了可以供炮兵使用的以无烟火药为动力的射程达 1300 米的火箭炮。

遗憾的是，两年后迪秋米洛夫不幸去世，苏联刚刚起步的火箭工业又遭打击，组建不久的研究小组几乎被解散，幸亏苏共有识之士保护了他们，研发工作才得以继续进行。1933 年，两种 130 毫米的火箭弹研制成功，这两种火箭弹均可以用车载发射，射程达 5 千米，这是人类首次研发出火箭弹。

知识小链接

BM-13 的名字来源说法不一。"喀秋莎"原是一首爱情歌曲，歌声将美好的音乐和正义的卫国战争相融合，士兵们在寒冷的战壕里，握着冰冷的钢枪，听到动人的乐曲，立刻激励起他们的爱国情怀。填装火箭弹的士兵们见上面刻着"K"，就叫它"喀秋莎"，这个名字迅速在苏军中传播开来。

1939 年 3 月，经过改进后的火箭弹被命名为 BM-13。它总共可以携带 16 枚 132 毫米火箭弹，发射架能在左 90 度到右 90 度的方向射界。苏军立刻对其进行了严格的测试。测试结果没让军方失望：BM-13 非常适合打击暴露的敌方密集区、野战工事以及坦克群。由于 BM-13 是车载的，因此也适合打击突然出现的敌军以及与对方进行炮战。

1940 年，BM-13 只生产了 6 门，这时战争阴影笼罩着苏联，苏军国防部立刻全力生产 BM-13。为了避免被德国间谍获得秘密武器的信息，苏军将其命名为"喀秋莎"。这么美丽动听的名字居然用来为火箭弹命名，这是为什么呢？原来这里还有个故事：喀秋莎是一个美丽的苏联姑娘，在二战中参加了对德国法西斯的战斗，后来英勇牺牲。人们为了纪念她，把苏联红军最厉害的武器——火箭炮称为"喀秋莎"。

1942 年，苏德战争正酣，苏联开动生产线，以惊人的速度生产 BM-13。数万计的"喀秋莎"火箭炮被送往前线，让德军吃尽了苦头。德国人把这种火箭弹称为"斯大林的管风琴"。

Part2 第二章

超级巨炮——"卡尔"自行迫击炮

"卡尔"600自行迫击炮，不是重型坦克，赛过重型坦克，有人称它为"超级战车"。

在1934年，纳粹头子希特勒上台伊始便积极扩军备战，为侵略做准备。为了能攻陷马其诺防线一类坚固设防工事，希特勒对一些重型兵器青睐有加，重型迫击炮便是其中的秘密武器之一。

德国莱茵金属公司和纳粹签订了研制合同。针对"帝国元首"的要求，莱茵金属公司立刻拿出了最初的方案，设计者将火炮的口径改为600毫米，炮弹为前装式，撑开机车、稳定加固、填装弹药、点火发射一共需要90分钟。陆军方面显然不满这种火炮的发射速度，要求莱茵金属公司改进。

1938年，纳粹军方通过了改进后的设计方案，决定生产6辆样车。全力支持大口径迫击炮，并不遗余力地促成此事的是一名叫卡尔·贝克的炮兵将军，因此，这项计划也被称为"卡尔设备"，这是新式迫击炮最初的名称来源。1938年末，600毫米的自行迫击炮按军方要求研制成功，内部编号为"040"。

"卡尔"600自行迫击炮的威力是非常惊人的，它的口径600毫米，有自行功能，身管长为 8.44 倍口径，5.064 米，后装式弹丸。莱茵金属公司在该款迫击炮的基础上衍生了一个口径较小但威力更大的 041 火炮。它口径为虽然只有 540 毫米，不过它的身管长为 11.5 倍口径，6.21 米，射程远超 040 火炮。600 毫米迫击炮本身重达 60 吨，令人不可思议的是，这么重的火炮竟然靠手动来提升！不过，阿

知识小链接

提到德国军工业，就不能不提莱茵金属公司。这是一家著名的军工企业，在二战时期扮演了很不光彩的角色，为纳粹生产了大量高科技武器。战后，公司业务没变，主要生产战斗车辆、武器配件及防卫产品。它以生产 L55 滑膛坦克炮著称，其火炮技术堪称世界一流，无人能比！现为德国最大的军工企业集团，业务遍及全世界。

基米德的那句名言应该能解释问题："给我一根足够长的杠杆，我可以撬动地球"，自然，给一个士兵足够多的时间和一个搅轮，是可以将重炮仰起的。

"卡尔"火炮升到最大仰角，四个人通力合作，最起码需要 4~6 分钟的时间。火炮 10 分钟能发射一枚炮弹，一小时发射 6 枚。因为除了瞄准、搅动炮管外，士兵们还得用吊车将 2 吨重的炮弹填充到炮尾的发射槽内，再用专门的工具将巨弹推入，然后再将专用发射药推入炮膛。一个炮班共 19 个人，手忙脚乱地协作管理着这大家伙。

"041"号装置，也称为"卡尔"540。"卡尔"540 虽然是缩小版的 600 毫米迫击炮，但仍然是个庞然大物，其战

斗全重达 124 吨，比 2 辆重型坦克还要重；迫击炮车长 11.37 米，车宽 3.16 米，车高 4.78 米。短而粗的炮管，是它的最主要的外部特征。

"卡尔" 600 毫米和 540 毫米自行迫击炮，虽不是重型坦克，但重量、威力无不赛过重型坦克，也有人称它为"超级战车""超级巨炮"，盟军对之又怕又恨，却无可奈何。它大吼一声，2 吨重的高能炸药让大地也要抖三抖！

第三章
陆战霸王——坦克

坦克是一种将进攻和防守巧妙地融为一体的战斗用装甲车辆。它集中了猛烈火力、自我防护和灵活机动于一身，在陆战中所向披靡，甚至直接决定战争的胜负。正是这种貌不惊人的铁家伙，在二战中出尽风头，其在大型遭遇战和集团军作战中有着举足轻重的作用，有"陆战之王"的称号。

Part3 第三章

雪地之王——苏联 T-34 坦克

苏联的 T-34 坦克以其卓越的性能、强悍的表现、灵活的机动性等成为坦克家族中的明星。

在第二次世界大战中，苏德战场是最主要的反法西斯阵地。苏联红军共抵抗了 220 万的德国陆军，为世界反法西斯胜利做出了突出贡献。苏德在苏联西部广袤的平原上上演了一幕幕惊险刺激的大会战，其中尤其以坦克战为主。

T-34 坦克是工程师科什金设计，哈尔科夫共产国际工厂制造，1940 年开始装备苏军，于 1941 年 6 月 22 日首次参战。它是苏联于 1940 年到 1950 年生产的主力中型坦克，在坦克发展史上具有重要地位。这种坦克一共生产了 8 万多辆，其中有 4 万多辆参加了对纳粹德国的战斗，为击败强大的德国立下了汗马功劳，其设计思路对后世的坦克发展有着深远及革命性的影响。

T-34 坦克全重 32 吨，属于中型坦克，乘员 4 人，主武器为一门 76.2 毫米主炮，而当时欧洲各国的坦克主炮只有 50 ～ 60 毫米；车宽 2.92 米、车高 2.39 米，机箱内配有两挺 7.62 毫米机枪；动力系统采用 12 缸 39 升的 V2 柴油发动机，最大功率 500 马力，

公路最高时速达到 55 千米，能轻松通过 0.75 米高的障碍，并可跨越 2.49 米宽的沟壑；爬坡为 30 度，装甲厚 18 ～ 60 毫米；V2 柴油发动机的另一个杰出的优点就是省油，T-34 坦克油箱容量 460 升，车身两边各挂一个容量 39 升的后备油箱，行程可达 540 千米。相比之下，纳粹德国的 4 型坦克行程只有 160 千米，而虎式坦克跑 100 千米就得加油。在辽阔的苏联平原作战，航程远是极具优势的。这也是每次坦克大战中苏军总能获胜的原因。

知识小链接

当苏军对 T-34 样品坦克进行长途行驶测试时，机车走过莫斯科红场，正好被斯大林看到，给这位苏共最高领导人留下深刻印象。令人惋惜的是，T-34 的设计者科什金因却因患肺炎于当年 9 月 26 日病逝，最终没有看到呕心之作 T-34 的精彩表现。其助手莫罗佐夫接替了他，将定型的 T-34 坦克的图纸完善，并投入生产。

T-34 具备出色的防弹外形，强大的火力和良好的机动能力，特别是拥有相对较高的可靠性，易于大批量生产。它采用美国专利的克里斯蒂坦克底盘，这种底盘的轮轴上面装有巨型减震弹簧，可承受剧烈的上下颠簸，这让操控的驾驶员感觉良好，能始终保持旺盛战斗力。T-34 的履带宽近 50 厘米，而德

国坦克的履带只有 30 厘米宽。这些优点使 T-34 具有很强的越野机动能力，更是苏军装甲部队大纵深攻击战术的硬件基础。在冰天雪地的西线战场，T-34 可在雪深 1 米的冰原上自由驰骋，被德军称为"雪地之王"。

T-34 从设计之初就装备了一门 76 毫米的加农炮，到 1941 年又换装了 F-34 型加农炮。F-34 型加农炮的穿甲弹可在 500 米距离内轻易穿透 69 毫米的钢板，1000 米距离内穿透 61 毫米钢板，而当时的德国坦克不能抵挡这样猛烈的火力。F-34 加农炮还具备支援步兵进攻的能力。T-34 坦克通常备弹 77 发，包括 19 发穿甲弹、53 发高爆弹和 5 发破甲弹。1943 年改进型 T-34 的容弹量增至 108 发。

T-34 也有缺点，它的 V2 柴油发动机虽然省油，却排放出滚滚浓烟。如此一来，坦克根本无法隐蔽，常常一开动就暴露在敌人面前；另外一方面润滑油备量是 145 千克，而且备受抛锚率的折磨，很难一次开行数百千米。

但以上缺点毕竟没有影响它的整体性能，所有设计参数和理念在当时都是最好的，深深影响了后世坦克的设计。

Part3 第三章

美国 **M4** 坦克

在二战后期的坦克大战中，M4 坦克发挥了至关重要的作用，在世界战车发展史上，占有极为重要的地位。

美国的 M4 中型坦克是二战中后期的著名坦克，也是二战中产量最多的坦克之一，共生产了 5 万辆。

1940 年 8 月，美国开始研制新型坦克。当时的坦克火炮口径都在 50～60 毫米之间，军方要求新型坦克的火炮口径达到 75 毫米以上。1941 年 9 月，新型坦克正式定型并被命名为 M4。在欧洲战场上，英国士兵见 M4 杀伤力惊人，就像血色屠夫，就把它称为"谢尔曼"——南北战争时以残忍、嗜血著称的将军。

M4 是一款中型坦克，配备一门 75 毫米火炮，可以发射穿甲弹、烟幕弹和榴弹。在不断的实战中，美国军方根据前线士兵反馈的信息不停地对 M4 进行升级改造，因此衍生了许多品种，火炮口径从最初的 75 毫米，一路攀升到 76 毫米、90 毫米，到战后已经升级到了 105 毫米。最初的 M4 火力略显不足，但它坚固可靠，经久耐用，易于维修，各方面性均能让军方很满意。整个战争阶段，M4 一直是美军坦克的骨干力量。值得一提的是，由于美国身处北美洲，把坦克运到欧洲战场需要穿过浩瀚的大西洋，这对 M4 的重量有很高的要求，不能太重，设计者只有把它重

谢尔曼是美国南北战争时的一名将军，以手段残忍、做事果敢而著称，是一位颇具争议的历史人物。有人认为他的行为造成大量平民伤亡和2万亿美元的财产损失，有悖于道德；也有人认为如果没有谢尔曼，那么美国内战将持续更长的时间，会有更大的财产损失，有可能会导致国家分裂。

量降低，这在一定程度上也降低了它的火力。虽然M4不是重型坦克，但在战场上，它却勇挑重担，充当起了重型坦克的角色。

M4坦克的战斗全重为33.7吨；车长7.54米，车宽3.0米，车高2.97米，采用福特公司的GAA发动机，最大公路速度38千米/时，越野速度21千米/时，装备76毫米弹77发，两门7.62毫米机枪和6200发子弹；装甲最厚76.2毫米，爬坡度30度，能翻越0.61米的障碍和2.3米的战壕，涉水0.91米；最大航程178千米；全车乘员5人。

M4坦克第一次大显身手的战场是北非，当英军被"沙漠之狐"隆美尔赶到阿拉曼时，美军火速增援了400辆谢尔曼坦克，向油料不足、后勤贫乏的德军发起猛烈反扑。德军强弩之末，经不住M4坦克的进攻，

经过十二天的激战，德国非洲军团被打败。曾在沙漠中令英军闻风丧胆的德国坦克被击毁200余辆，德国名将隆美尔首尝败绩，从此一蹶不振，在希特勒面前失去了昔日的宠信。M4坦克则乘胜追击，一举将德意联军赶出北非。

M4坦克一战成名，从此在欧洲战场和太平洋战场上，都能见到它的身影。M4坦克拥有几项世界顶尖技术：炮塔转身最快，转动一周仅需10秒；500马力的汽油发动机也是最优秀的；它是唯一配备了火炮垂直稳定仪的坦克。不过M4坦克也不是十全十美的，它的火力因重量缩减导致不足，难以对抗德军新式坦克；以汽油为动力的装置极易燃火，美军幽默地称它打火机——一打就着；另外车体太高，很容易中弹。

纳粹撒手锏——德国"虎"式坦克

早在 1937 年，德国就开始研制虎式坦克。直到北非战争失利，希特勒才意识到必须生产重型坦克来扭转颓势。

在 1937 年，野心勃勃的希特勒正在为侵略欧洲而精心准备着。纳粹军方制订了详细的强军计划，其中包括制造一种新式坦克，这是虎式第一次提上日程。经过几番波折，戴姆勒·奔驰、MAN、亨舍尔和保时捷四家公司分别提交了各自设计的 35 吨坦克方案，均配有 75 毫米火炮。

1938 年，德国地面防空部队利用 88 毫米防空炮将英法联军的 20 辆坦克杀得大败而归，国防部门立刻意识到新式坦克必须配备大口径火炮。随着苏联 T-34 坦克的亮相，纳粹军事专家深为震惊：堂堂的第三帝国陆军居然没有任何一款坦克能匹敌 T-34！于是，国会立刻更改设计要求，将 75 毫米火炮提高到 88 毫米，吨位从 35 吨提高到 45 吨。国防部为了讨好纳粹头子希特勒，特意要求新款车型必须在 1942 年 4 月 20 日前亮相——这天是阿道夫·希特勒的生日。

由于突然改变了设计方案，几家公司猝不及防，只得将原来的底盘设计保留下来。希特勒要求保时捷、亨舍尔和克虏伯等几家公司通力合作，一起

二战中，虎式击毁了大量的盟军坦克和其他装备，它威力巨大、吨位超重，深深地震慑了盟军士兵。它那厚重的装甲，88毫米巨大口径的炮口让对手不寒而栗。据说，英国胆子小的新兵看到虎式的照片，惊骇得不敢上前线，足见它在人心目中的地位。

设计、生产新式重型坦克。这几家公司的确有过人之能，高压之下很快分别推出了样车。4月19日，亨舍尔和保时捷分别将各自设计的样车开往希特勒的指挥总部。尽管在路上不断出现故障，但他们还是按时提交了样车。4月20日，希特勒的生日，两辆样车开始一系列的测试。保时捷的样车在路上不断抛锚，故障不断，最终被淘汰，而亨舍尔的样车行走自如，获得国防部青睐，中标新式重型坦克。接着，亨舍尔将样车命名为"虎式"，并于同年开始批量生产。

虎式坦克设计周期很短，制造也匆忙，因此初期投入实战时漏洞百出。让人啼笑皆非的是，亨舍尔公司一边生产，一边通过电话从前方获得反馈信息，一边在生产线上对虎式进行改进。最明显的改动是后期产品降低了炮塔，这样有利于乘员安全，更利于逃生。同时，为降低制造成本，坦克的防水能力和空气调节系统也被取缔。

虎式坦克于1942年开始生产，到1944年停产，其间共生产1355辆。亨舍尔公司刚开始每个月产能为25辆，随着战事的不断扩大，国防部的需求越来越大，最后每个月有105辆下线。后期由于英美轰炸机昼夜不停地对德国工厂进行轰炸，最后亨舍尔公司的产量下降了一半。

虎式重型坦克早期的重量为55吨，后期改进型为57吨，仅仅炮塔就重11吨。动力装置采用迈巴赫21升12气缸汽油发动机，总功率478千瓦，后

期升级到 515 千瓦；公路时速 38 千米，越野时速 21 千米；最大航程 160 千米，油箱容量 540 升；能越过 0.79 米障碍和 2.3 米的沟壕，35 度爬坡能力；火炮是 88 毫米超大口径，可携带 87 发炮弹和 5700 发 7.92 毫米机枪子弹；装甲厚度为 110 毫米；需要

特别说明的是，虎式坦克配备了卡尔蔡司高倍瞄准镜，有着让人吃惊的瞄准能力。虎式坦克的这一能力让盟军付出了沉重代价：每消灭一辆虎式坦克，英国需要付出 4 辆坦克，由此可见虎式的战斗力和瞄准系统是多么强悍。

Part3 第三章

美国 M48 主战坦克

朝鲜战争中，美国军方意识到没有一种坦克能对付苏联的 T-34，于是立刻要求克莱斯勒公司制造一款新型坦克。

经过二战的洗礼，各国在坦克制造技术上突飞猛进。德国的虎式 88 毫米口径的火炮，已经足够让人吃惊，而到 20 世纪 40 年代末期只能算入门级、小儿科了，因为各国相继为坦克装上了 90 毫米和 105 毫米等超大口径的火炮。

1950 年，有"汽车城"之称的底特律开始研制装有 90 毫米火炮的坦克。同年，美国国防部要求克莱斯勒公司为陆军研制下一代坦克，并试制 6 辆样车。第二年，克莱斯勒公司向美国军方提交了新坦克的设计方案。这时，朝鲜战争爆发，美国担心苏联参战，那么美军将没有可以匹敌 T-34 的坦克。仓皇之余，美国陆军不等克莱斯勒公司测试样品车，立刻要求他们生产 1300 辆新式坦克。而此时这款暂时被命名为 T48 的坦克从研制到生产还不到两年，因此问题不少。克莱斯勒公司不得不在生产线上设立一个修改办公室，以便对新发现的问题随时改进。

1953 年，美国陆军将 T48 列装，改名为 M48，此系列坦克共生产了

11,703 辆，其中克莱斯勒公司制造了 6000
辆，福特公司生产 3800 多辆，通用公司生
产 1900 辆，各种车型的生产一直持续到
1959 年。由于设计时间短，没有经历过相
关测试，因此 M48 自诞生之日起就不得不
接受反复的升级改造，这导致派生出了许
多型号，成为一个庞大的坦克家族。

　　M48 系列坦克采用整体铸造炮塔和车
体，车体前部是船形的，内有焊接加强筋；
它的动力系统采用通用公司四种不同的汽

油发动机，燃料箱为 757 升，后期车型燃料箱为 830 升，最大行程 464 千米；
火力系统是 90 毫米的大口径火炮，载弹 62 发，7.62 毫米枪弹 4800 发，炮塔
还有 12.7 毫米超大口径高射机枪，这为自身防卫提供了足够强大的火力。后
期产品配有各种炮弹，如电光弹、破甲弹、教练弹等；M48 可涉水 1.2 米，
安装潜水装置后可涉水 4.5 米，能翻越 1.1 米障碍和 2.5 米沟壕。M48 配备光
学测距仪，最大测距 4400 米。

M48系列坦克均采用整体铸造成型车体，所有大型部件不是原来的焊接，车头和车底均采用船身的圆弧形，炮塔是圆形的，不同部位的装甲厚度从25毫米到120毫米不等，因此机体相当坚固，具有很好的装甲防护力；炮塔内乘员3人，车长和炮长位于火炮右侧，炮长在车长前下方，装填手位于火炮左侧。M48还装有M1全封闭指挥塔，可手动旋转360°，四周装有5具观察镜。

M48系列坦克先后被出口到联邦德国、希腊、伊朗、以色列、约旦、土耳其、韩国、黎巴嫩、中国台湾、摩洛哥、泰国、挪威、巴基斯坦、葡萄牙、索马里、西班牙、突尼斯等国家和地区。

Part3 第三章

将军荣耀——M1主战坦克

20世纪60年代，美国和德国联合研制主战坦克，后两国在设计上存在分歧而分道扬镳。美国开始独自设计M1新式坦克。

美国和德国在联合研制MBT-70过程中，因存在分歧和成本太高而被迫中止此项目，联合研制计划最终泡汤。美国并没有完全对MBT-70失望，而是在其基础上，继续研制新式坦克，并于1970年制出样车。但美国陆军认为该车结构太复杂，成本太高，再次否决这个新项目。

进入1972年，制造下一代主战坦克迫在眉睫，美国再次启动研究计划，并命名为XM1项目。一个由使用单位、研制公司

和陆军参谋部三方组成的课题小组，正式开始XM1坦克的研制工作。

1973年，陆军与通用汽车和克莱斯勒公司签订研制样车合同。三年后，两家公司各自将设计好的样车交由国防部，并在阿伯丁试验场进行一系列的测试评比。最终克莱斯勒公司获胜，并与

国防部签订了 11 辆样车合同。三年内，克莱斯勒公司先后为国防部生产了 11 辆样车，并开始在各种气候和环境下进行模拟试验。11 辆样车共行驶 9 万千米，发射 19,100 发炮弹。

为纪念原陆军参谋长、二战时著名的装甲部队司令艾布拉姆斯将军，陆军参谋部把该坦克命名为 M1 主战坦克。20 世纪 80 年代初期，美国又陆续对这些坦克进行了第三阶段的研制试验和使用试验，所有测试数据表明，过了 10 年，这些坦克主要性能早已超过了 1972 年提出的研制要求。

知识小链接

美制 M1 和同时期的苏制 T-55 哪个更为先进？事实胜于雄辩，在第一次海湾战争中，无论首发命中精度还是装甲能力，M1 完胜 T-55。整个战争期间美国共打掉伊拉克 280 辆 T-55，而自身只有两辆损坏。当然，M1 有良好的外部保护环境，另外伊拉克士兵个人素质也不可能和美国大兵同日而语。

M1 主战坦克是典型的炮塔型坦克，有 4 名乘员。其旋转炮塔位于车体中央，而不再是靠前位置，外形特点是低矮而庞大，几乎与车体一样宽。炮塔和车体各部分和装甲厚度不等，最厚达 125 毫米，最薄为 12.5 毫米，相差 10 倍。装甲钢板的厚度自下而上逐渐增厚，为 50 ～ 125 毫米；该坦克装备 55 发 105 毫米炮弹，安装有 1 挺 7.62 毫米并列机枪，配 5600 发子弹；炮弹初速 1524 米/秒，直射距离 1700 米；动力系统采用阿夫柯-莱卡明公司的 AGT-1500 燃气轮机，是世界上首次采用燃气轮机制式的坦克，该机最大输出功率 1103 千瓦，主要燃料是柴油或煤油，也可用汽油。

进入 20 世纪 80 年代，计算机技术开始在坦克上大显身手。M1 配备了由加拿大计算设备公司研制的数字式弹道计算机。这是一种全求解的固态计算机，自动输入目标距离、目标速度、倾斜角和横风速度，即可自动校对目标

方位，这一神奇本领让其他对手难以企及，也引领了世界坦克设计的潮流。M1 车载计算机可以自动输入，也可手工输入包括药温、气压、气温、炮膛磨损、4 种弹道选择、炮口校正装置等信息，弹道计算距离为 200 ～ 4000 米。

　　M1 主战坦克的生产于 1985 年 2 月全面结束，共制造了 2374 辆，以后转向生产性能更高、火力更猛，装有 120 毫米滑膛炮的 M1A1 坦克。

夜战巨兽——苏联 T-80 坦克

当时的 T-80 主战坦克完全可以击毁北约同时期任何一款主战坦克，配合先进的热成像仪，用炮射导弹在 5000 米距离上进行远程攻击。

美苏争霸一直是冷战时期的重头戏，从各个层面进行着明争暗斗，双方不断推出性能卓越的利器。你能把宇航员送到太空，我就能把人送到月球；你推出 90 毫米火炮，我就推出 105 毫米火炮；你有 M1A1 式 115 毫米坦克，我就制造出 120 毫米的口径……双方像两个怄气的孩童，似乎只要在数字上压过对方一头，就能扬眉吐气。T-80 主战坦克就是在这种背景下诞生的。

T-80 坦克是继 T-34、T-55 后研制的第三代主战坦克，是在苏联较为成功的 T-64 主战坦克的基础上研制的。早在 1968 年，苏军在对 T-64 进行改造的同时，就已经立项 T-80 计划了。1976 年，首批样车推出，由于参照了 T-64，所以 T-80 外形上颇似 T-64。

相对于 T-64，T-80 坦克的装甲更进一步，提高了对付动能穿甲弹的防护能力。它的炮塔为钢质复合结构，带有间隙内层，内有 2 名乘员；它的武器系统升级到了令人吃惊的 125 毫米的滑膛炮，还装备了 125 毫米的"鸣禽"导弹，不仅可以发射普通炮弹，甚至能发射反坦克导弹；该坦克备装 40 发

125 毫米炮弹，2000 发 7.62 毫米机枪弹，500 发 12.7 毫米机枪弹和 4 枚反坦克导弹，包括破甲弹、榴弹和脱壳穿甲弹。由于最大程度采用机械化操作，能实现自动填装弹。值得一提的是它的反坦克导弹，飞行 3000 米的距离只需 7 秒，由于能穿透 600 ～ 650 毫米的钢板，任何坦克只要被击中，就一定会被彻底摧毁。

　　该坦克的火控系统非常先进，它采用了法国的红外线热成像仪，不需要任何灯光设备，也能在漆黑的夜里行动自如。它装有苏联独自开发的激光测距仪和弹道计算机等火控部件。

　　新一代的坦克都抛弃了柴油机组，转而向威力更大的燃气轮机。T-80 坦克的动力系统是 1 台新型燃气轮机，这是苏联第一次采用燃气轮机，标定功率为 724 千瓦。

　　苏制武器给人印象最深的是威猛、高大，武器设计的初衷似乎一定在外

表上压对手一筹，T-80 的履带被设计成 580 毫米，比同时期的美制和德制坦克足足宽了 110 毫米。难道俄国人真的是为了争面子，不惜血本地把它设计成巨兽？还是不浪费点钢材就凑不够吨位？让人费解。

T-80 战斗全重 43 吨，车长 7.4 米，宽 3.4 米，公路最大时速 75 千米，越野速度 48 千米/时。由于采用了 1000 升的燃油箱，外加车外 400 升，T-80 的最大航程可达创纪录的 1000 千米。带潜水设备的坦克可潜水 5.5 米，能翻越 0.91 米的垂直障碍和 2.9 米的沟壑。由于 80 年代新品坦克的机械化程度较高，该车乘员 3 人。

T-80 从 20 世纪 80 年代初期到 1987 年，共有 2200 辆装备到苏军。苏联解体后，乌克兰生产了大量的 T-80 改进型，并出口到许多国家。

法兰西铁骑——AMX 勒克莱尔

法国人以浪漫、优雅闻名，设计师就像一位艺术家，而勒克莱尔坦克更像一件雕琢精美的工艺品。

冷战时期，法国的主战坦克是 AMX-30，进入 20 世纪 70 年代，这些家伙显得老旧不堪。看到苏联和美国接二连三地研究出款式新颖、性能强悍的主战坦克，不甘寂寞的法国也摩拳擦掌，跃跃欲试。1977 年，法国军方提出更换新坦克的提案要求，这标志着新式坦克正式立项。然而新项目进展并不顺利，直到 9 年后，法国地面武器集团才正式提交了 6 辆实验样车。为了纪念英年早逝的法国元帅勒克莱尔，军事专家将其命名为

AMX "勒克莱尔"。1990 年，法国将 4 辆样车送到国外进行性能测试。1991 年，该车定型并投入量产，于第二年开始装备法国陆军。2007 年，法国陆军共装备了 355 辆勒克莱尔型坦克，分装成 4 个坦克团。从提案到立项，从研制

到完全装备完毕，法国用了 30 年，可谓"三十年磨一剑"。

相对于其他坦克重视航程和装甲，AMX 更注重主动防御，并为此忍痛降低装甲重量，以及增加机动性闪避炮火和取得有力射击位置。AMX 坦克安装 1 门 120 毫米滑膛炮，52 倍口径管长，采用了先进的制造工艺，炮管内膛镀铬，以减少摩擦发热。动力系统采用 UNI 柴油机公司销售的 1 台 8 缸超高增压柴油机，最大功率达 1103

知识小链接

勒克莱尔坦克并没有参加过实战。它第一台车于 1992 年服役，并未赶上 1991 年海湾战争，没有机会在中东沙漠露下脸，一展雄姿。不过 1999 年南联盟内战结束后，15 台勒克莱尔坦克被部署在科索沃执行维和任务，实战表现让法国军方很满意。

千瓦。法国在飞机发动机方面有着领先地位，他们将飞机涡扇发动机原理成功运用到坦克发动机上，使用了超高增压柴油机。坦克战斗全重 53 吨，车体长 9.9 米，宽 3.7 米，能翻越 3 米的沟壕，1.25 米高的垂直障碍物；公路最高速度 71 千米/

时，越野速度 50 千米 / 时，燃油箱容积 1300 升，最大航程 550 千米。无装备涉水 1 米，装备潜水 2.3 米，爬坡 30 度。AMX 引以为豪的是它的炮弹初速，能达到 1750 米 / 秒，相当于 5 倍音速，击中目标速度 1300 米 / 秒，在 4000 米距离内能击穿三层北约标准重型装甲。毫无疑问，这样的弹速对任何装甲坦克都是噩梦，别说击中，就是磕碰到任何一角，都能将坦克摧毁。坦克备装 40 发炸弹，射速为 7 ～ 8 发 / 分，另外法国陆军还为该坦克配有打击直升机用的专用导弹。坦克能在 1 分钟内中消灭 5 个目标，炮塔装备 1 挺 12.7 毫米机枪和 800 发子弹，另有 1 挺 7.62 毫米高射机枪和 900 发子弹。

AMX 采用了先进的数字化和信息化，最大限度地使用计算机、热感仪、激光测距等设备，坦克乘员 3 人。

作为法国精心研制的扛鼎之作，作为第三代坦克的后起之秀，AMX 勒克莱尔汇集了法国人天生的艺术和浪漫气息，不仅是一款火力威猛的武器，更像一件精心雕琢的工艺品，堪称"陆战王中王"。

王的利剑——以色列梅卡瓦

以色列兵源有限，其设计坦克按"防护为基础，保护为中心"的思路，新型坦克要求尽量把乘员位置放低、靠后。

以色列地处中东，地理环境、历史恩怨、文化差异和宗教纷争决定了它从建国伊始就不会一帆风顺。然而犹太民族十分珍惜重新建立起来的国家，从建国第一天就加强国防建设，成为中东小霸主，周围邻国的联合抵抗，也奈何它不得。

中东战争前，以色列装备的坦克五花八门，有法国改进版的谢尔曼和AMX-13，有英国的逊邱伦坦克，也有美国制的。20世纪60年代末，以色列准备淘汰一部分旧式坦克，打算购买德国制M48、M60，但此时石油价格飙涨，欧洲各国对能源需求猛增，德国不得不考虑阿拉伯国家的反对，只得终止此交易。以色列的背后老大美国也拒绝提供新式坦克。以色列只得自力更生，自己开发适用于沙漠地带的新式坦克。

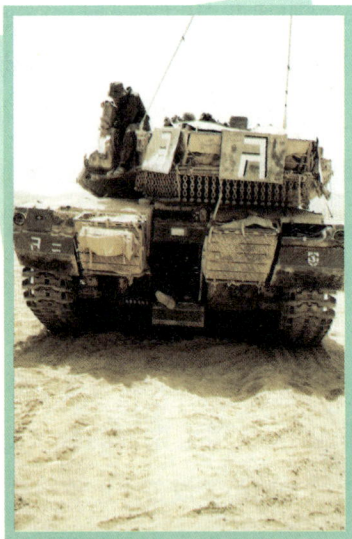

以色列设计坦克时，严格按照"以人为本"的思路。由于以色列缺少兵源，设计上十分注重士兵和乘员的安全。另外，经过1967年的战争洗礼，以色列同样认为坦克的机动防护意义不大，而重点是舱内防护和火炮火力。

因此以色列在设计新式坦克时，考虑了防护、火力和机动性三大性能。

1967年项目立项，1970年在泰勒的指挥下，设计工作正式开始，美国向此项目慷慨地提供了1亿美元的援助。

1974年，以色列国防部制成第一辆样车，并命名为梅卡瓦。为了保密需要，以色列对外宣称新式坦克正处在研制阶段。1979年，首批梅卡瓦1型坦克正式交付以色列国防军。梅卡瓦很快就有了大显身手

知识小链接

世界上最优秀的坦克也避免不了英雄无用武之地命运，而梅卡瓦则是二战后投入实战次数最多的坦克。在1982年和黎巴嫩的战争中，梅卡瓦坦克在对阵苏联的T-55、T-62和T-72坦克中，屡占上风，其卓越的防护能力更是被人称道，50名受伤的坦克乘员中，无一人被烧伤。

的机会，1982年夏，以色列和黎巴嫩、叙利亚爆发战争，梅卡瓦首次投入实战，并以微小的代价击毁19辆叙利亚的苏制T-72坦克，一战名扬天下。

梅卡瓦使用美国莱达因公司的12缸风冷柴油机，最大功率662千瓦，后期型号最大功率859千瓦；机车战斗全重61吨，车长8.6米，车宽3.7米；

采用 640 毫米超宽履带，履带着地 4.8 米；公路最高时速 55 千米，越野速度 41 千米 / 时；燃油箱容积 900 升，公路最大行程 500 千米。之所以没有将坦克的行程设计太大，是因为以色列国土狭小。梅卡瓦的爬坡能力达到惊人的 60°，超过以往任何一款坦克，能潜水 2.4 米，能翻越 0.95 米的垂直障碍和 3 米的沟壕；武器系统采用 120 毫米大口径滑膛炮，7.62 毫米机枪一挺，备装 105 毫米炮弹 85 发，120 毫米炮弹 50 发，7.62 毫米机枪子弹 1000 ～ 2000 发。

截至 1988 年，以色列国防部一共生产了 800 辆这种坦克。新世纪之初，以色列又公开展示了"梅卡瓦"4 型坦克。以色列人曾骄傲地说："MK4 型坦克是唯一经过实战检验的第四代坦克，它代表了坦克未来设计的方向，其防护、火力、机动和信息化能力均实现了质的飞跃。"

Part3 第三章

世界第一——德国"豹"Ⅱ坦克

> 豹是一种猛兽，它身材健美，身手矫健，反应迅猛，捕杀能力极强。德国"豹"Ⅱ是坦克中名副其实的猎豹。

有个小笑话：当英法政府准备在英吉利海峡建一条海底隧道，有个建筑公司经理前去招标。他说："为了缩短工期，我们将从海峡两岸同时挖隧道。"政府官员问："那你们在海底接不到一起怎么办？"经理一愣，立刻回答："那恭喜你们，你们将有两条海底隧道。"

这当然是个小故事，但类似的情节却真正发生在美德两国之间：70年代美国和德国决定联合研制下一代坦克，没想到合作过程中两国在设计方面产生重大分歧而分道扬镳，各自研发新式坦克。结果两款世界顶级的坦克相继诞生：美国的M1A1坦克和德国的"豹"Ⅱ坦克。

"豹"Ⅱ坦克由大名鼎鼎的莱茵金属公司设计，采用莱茵金属公司的120毫米口径滑膛炮，这是西方国家第一个装备如此大口径火炮的坦克。"豹"Ⅱ坦克令人惊叹的是它的机动能力，它采用的发动机采用MTU公司的12缸水冷柴油机，这是目前举世公认的最好的柴油机，最大输出功率1105千瓦，最大行程550千米，坦克从零加速到40千米仅需8秒；120毫米滑膛炮，炮弹初速1750米/秒，使用钨合金，

穿透能力骇人，能轻松穿透700毫米的装甲，而且具有极高的射击精度；坦克备装42发120毫米炮弹，7.62毫米枪弹4750发，16具烟幕发射弹；车体后安了一部电视摄像机，可使驾驶员倒车更安全；安装有混合式的GPS导航系统，这种设备让坦克在任何环境下都能导航。

"豹"Ⅱ坦克的主要特点是采用大功率柴油机、液压传动装置、高效冷却系统和数字火控系统，所有这些优点都成为第四代坦克的设计思想。"豹"Ⅱ坦克俊美的外形，强劲的动力，精良的火控，严密的防护，凶猛的火力，是举世公认的"陆战王"。德国人在机械制造与工业设计领域的天赋连一向傲慢的美国人也不得不低头认输。世界第一的位置，"豹"Ⅱ当之无愧。

"豹"Ⅱ坦克共生产了3100多辆，装备了十几个国家。由于它售价高昂，购买者大多数是欧洲发达国家，第三世界很少采购。

知识小链接

"豹"Ⅱ坦克曾参加了美国主导的阿富汗反恐战争，加拿大也借用了20辆德国"豹"Ⅱ投入到行动中。有一次，一辆"豹"Ⅱ被塔利班的反坦克地雷命中，但"豹"Ⅱ毫发未损，乘员也没有任何伤亡。车长写信感谢德国方面时说：很显然，是这大家伙救了我们。由此可见，"豹"Ⅱ的底盘抗地雷能力是多么强大。

第四章
海上武器——战舰

地球陆地面积仅为十分之三，而其余十分之七是浩瀚的海洋。历史上的荷兰、西班牙、英国，以及当今世界的美国，无一例外地是靠坚船利炮横行于各大洋之间，成为海上强国，进而称霸世界。历史告诉人们，谁掌握了制海权，谁就拥有了世界，而掌握制海权最有力的工具自然是战舰。

美国阿利·伯克级导弹驱逐舰

阿利·伯克驱逐舰从设计到服役，共走过了 11 年。随着国际形势风云变幻，美国不断对战舰设计方案进行调整。

设计、制造舰艇是一项庞大而细致的工作，它比坦克的设计周期更长。舰艇体积庞大，内部系统繁多，而且不存在设计样品舰环节，因此它对设计者的要求更高，所有设计要求一次成型。从造舰能力上可以立刻判断一个国家的科技实力和系统化水平。

在过去的几十年，美国在许多领域取得了非凡的进步，科技、军事、信息技术、航天技术等更是突飞猛进。"草原上的羚羊跑得快，完全是狮子追出来的结果"，同理，美国许多的成果某种程度上也是苏联逼出来的。1980 年，美国提出设计导弹驱逐舰的设想，1981 年，海军开始负责新舰的设计。两年后，新舰的设计图纸初步完成。1988 年，第一艘阿利·伯克号开始建造。美国钢铁工业效率非常高，第二年，舰艇开始下水，并于两年后交付美国海军。

阿利·伯克级导弹驱逐舰 I 型排水量为 8422 吨，II 型为 9033 吨；舰长 153.8 米，宽 20.4 米，吃水 6.3 米，不同型号尺寸不一，升级改造后的舰艇

一般比原型舰偏大；动力系统采用工业界巨头通用公司的 LM2500 燃气发动机，10.5 万马力，航速 32 节，续航能力 4400 海里；全舰人员编制为 303 人，军官 23 人；武器系统采用 2 座导弹垂直发射装置，可以发射"战斧"式巡航导弹，对空导弹、反潜导弹和反舰导弹等，火炮包括 1 座 127 毫米口径的 M45，2 座 6 管 20 毫米防炮鱼雷，2 座 324 毫米的鱼雷发射器；舰载雷达是一部"宙斯盾"相控阵雷达，有对空搜索和火控双重功能，另加 1 部对海搜索雷达、3 部火控雷达和 1 部战术导

知识小链接

航海中舰艇的速度都以"节"为单位，那什么是"节"呢？原来 16 世纪时没有时钟、航程记录仪等工具，一位聪明的水手想出一个妙法：用绳子打结，根据一定时间拖出的绳子的节数来计算航速。尽管这种方法误差较大，但利于船员粗略掌握航程。现代的"节"的含义是每小时行驶 1 海里（1 海里 =1852 米），也就是 1 节 =1.852 千米 / 时。

航雷达。我们可以理解为：它装备了多部雷达，每部雷达都有自己的功能和职责，对空搜索负责扫描天上的飞机，对海搜索雷达负责扫描海上目标和海面下可疑物体，火控雷达是根据扫描到的敌方目标，进行火力调整，战术导航雷达负责指挥发射的导弹准确命中目标。

阿利·伯克级驱逐舰装有 3 部功能各异的声呐系统，确保第一时间发现移动目标，并迅速作出反应，实现自我防护。

阿利·伯克级驱逐舰是美国海军建造周期最长、建造数量最多的一级驱逐舰，22 年间共建造了 62 艘。2010 年，首艘阿利·伯克驱逐舰 DDG51 正式退役，而它的继任者 DDG112 号正式服役。

Part4 第四章

俄罗斯巨擘——"彼得大帝"号

> "彼得大帝"号核动力巡洋舰建造的时候，正值苏联解体，由于经费短缺，俄方不得不终止该舰的建造。

三百多年前，年轻的俄国沙皇彼得大帝考察欧洲先进科技后，望着浩渺的大西洋，豪情万丈地说："没有强大的海军，就不会有强大的俄国！"这位雄心勃勃的沙皇不仅建立了强大的陆军，还筹建了刚刚起步的海军，为继任者开疆拓土打下坚实的基础。为纪念这位雄才大略、远见卓识的沙皇，俄罗斯将最强大的核动力巡洋舰命名"彼得大帝"号。

"彼得大帝"巡洋舰是冷战时期美苏海上争霸的产物，是第四艘"乌沙科夫上将"核动力导弹巡洋舰。该舰吨位之大、火力之猛、性能之强是同时期美国和北约核动力巡洋舰根本无法比拟的。"乌沙科夫上将"级巡洋舰的设计工作是在 20 世纪 60 年代开始的，1969 年完成初步设计，经过 5 年的修改和完善，最终定型。1974 年，第一艘舰开始在波罗的海的造舰厂开工建造。不得不承认，社会主义国家的动员力的确有很大优势，第一艘舰于三年后下水，这么快的造舰速度是受冷战逼迫的。1980 年，首艘舰正式加入北方舰队，同时，另外两只舰也开始建造。1990 年，苏联解体，

建造中的四号舰完成了 80% 的工程，不得不半途而废。若没有另一位俄罗斯第一任总统叶利钦的大力支持，"彼得大帝"号可能永远沉寂在波罗的海的港口，在岁月的侵蚀中化成锈迹斑斑的废铁。1992 年，总统叶利钦视察北方舰队，强烈要求继续打造该舰，并指示有关部门，新舰不再使用苏联将军的名字，而改用俄罗斯海军的缔造者沙皇彼得大帝的名字来命名，从这一细节处可以看出，雄心勃勃的叶利钦显然是渴望利用新舰重塑昔日俄国的辉煌。1996 年，几经波折的"彼得大帝"号核动力巡洋舰正式加入北方舰队。

"彼得大帝"号巡洋舰动力系统采用混合式动力，分别装有两座燃油锅炉和两座核反应堆。两台核动力反应堆总功率达 8 万马力，能实现 24 节航行，两台燃油锅炉总功率为 4 万马力，总功率 12 万马力，可实现 30 节的航速；该舰全长 252 米，宽 28.5 米，排水量 19,000 吨，满载时排水量达 24,300 吨。如此庞大的巡洋舰堪称世界之最。舰艇编制 727 人，另外还有 18 名航空

人员和 15 名参谋人员。由于采用了核动力，理论上该舰有无限的续航力，能在海外没有基地的情况下执行远洋巡航任务。该舰武器系统有 750 千克的高爆炸药，35 万吨的核弹头，导弹最大射程 500 千米，由卫星和地面雷达联合制导，具有极强的攻击力，是美国航母的克星。舰船的排水量很大，能容纳很多高性能武器，"彼得大帝"号巡洋舰装载了 128 枚"剑"式导弹，96 枚各类区域防空导弹，20 枚 533 毫米高爆鱼雷，另有大量的 130 毫米炮弹。火炮的发射速度可达 4500 发 / 分，这意味着该舰仅使用常规武器就能在一分钟内立刻将十平方公里的区域炸成焦土。可以说，舰艇上的武器应有尽有，集多种功能于一身。

Part4 第四章

应景之作——"光荣级"巡洋舰

"基洛夫"级核动力驱逐舰造价高昂、体形庞大，不适合在黑海巡航，为此，苏联特意研制了缩小版的巡洋舰——"光荣级"巡洋舰。

在 20 世纪 60 年代末，为应对美国在海洋上咄咄逼人的气势，苏联只得改变过去以潜艇攻击为主的海军模式，转而向大型水面舰艇发展。苏联开动国家机器，短时间内造就了许多性能强悍的舰艇，基辅级航母、基洛夫级核动力巡洋舰、现代级导弹驱逐舰以及光荣级多用途巡洋舰。这么多功能各异的舰艇相继下水，稍微扭转了苏联在冷战竞争中的颓势，挽回点面子。

"基洛夫"级核动力巡洋舰是为了给当时的苏联航母护航，而"光荣级"巡洋舰是为了便于在黑海和北海巡游设计的。黑海相当于苏联的内海，周围没有强大的对手，日常巡航根本用不上体积庞大的"基洛夫"级，因此决定了"光荣级"是缩小版的"基洛夫"级。苏联的军事专家认为，海战中舰艇占据有利阵地是非常重要的，这就要求舰艇必须具备高航速。因此，在设计新舰艇之初，就强调必须拥有高航速。设计人员忍痛割爱，大幅降低了"光荣级"的吨位，以提高机动能力。

工程代号为 1164 的"光荣级"于 1979 年开始设计，1982 年第一艘舰艇下水。该舰的标准排水量为 9380 吨，满载时排水量为 11,500 吨；舰长 186 米，舰宽 21 米，吃水 8.4 米。有 6 台燃气轮机为舰艇提供动力，总功率近 11 万马力。航速能达 32 节，最远续航力 138,900 海里；全舰共有编制 454 人，包括 62 名军官。

它的火力系统包括 2 座 6 管 30 毫米的近程防空炮，2 座反潜火箭装置，火炮、防空、反潜、反舰导弹发射装置的数量就达 18 座之多，另外还有反潜武器 4 座 34 管，舰炮 7 座 38 管；安装有苏联引为自豪的舰空导弹垂直发射装置，共有 64 枚对空导弹；舰载雷达和计算机同样性能卓越，包括探测雷达、制导雷达、导航雷达、敌我识别雷达、电子对抗设备、卫星通信设备、光电设备等，数不胜数。因为苏制雷达功能较为单一，一种雷达只有一种功能，因此该舰上布满了雷达。

"光荣级"一共建成 3 艘，还有 2 艘因苏联的轰然倒塌而中断。服役的

知识小链接

"光荣"号是为了需求而设计的舰艇，几乎是直接将"基洛夫"级舰艇缩小，属于应景之作。作为苏联的一款常规动力舰艇，该舰设计上并没什么创新之处，也没什么高科技运用，只不过将大量武器移植到舰上，给予它足够威猛的火力，使它具有和美国舰艇在深蓝水域一较高下的本领。

3 艘分别是"光荣"号、"乌斯季诺夫"号和"红色乌克兰"号。这些名字都带有苏共时期的印记，叶利钦显然更喜欢民族特色的称呼，他当选俄罗斯总统后将大部分舰艇的代号都改成俄罗斯特色的名字："光荣"号改成"莫斯科"号，"红色乌克兰"改名"瓦良格"号。以上三艘舰艇分别隶属于黑海舰队、北方舰队和太平洋舰队。

威慑四海——美"俄亥俄"级核潜艇

20世纪60年代末，苏联反潜力量加强，美国意识到当时的"海神"号导弹核潜艇已能力不足，决心研制新一代核潜艇。

美国军事专家分析，苏联的反潜能力将会把这种威胁带入20世纪80年代，因为美国现役的"海神"导弹核潜艇射程仅4600千米，若攻击苏联，必须得靠近它才能奏效，为此美国海军有必要研制新一代射程更远、反潜能力更强的核潜艇。为此，美国专门成立办公室，研究未来战略力量，负责规划、制定发展路线。1972年，美国开发了"三叉戟"新型导弹，射程达9300千米，足以打击苏联境内任何目标。为了最大限度地发挥这些武器，"俄亥俄"级核潜艇研制计划终于浮出水面。该计划造价

知识小链接

现在的潜艇已经能做到悄无声息，一般雷达和声呐系统根本探测不到。不过美国仍不满足于核潜艇催动汽轮转动时的声音，正在研究一种电动装置。若这种装置能顺利安装到潜艇上，那么未来的潜艇将会像一条巨型的鲸鱼，无声地游弋在深海。

过于庞大，一度遭到国会的反对。不过这时苏联帮了老对手一把：他们给"三角洲"级潜艇配备了射程7000千米的导弹，美国国会立刻通过这一预算。

1981年，美国制造了第一艘"俄亥俄"号核潜艇，1982年首次测试战斗部

署。该舰是美国第四代战略核潜艇，目前共有 18 艘，美国 7 个舰队中都有它的影子。该潜艇由美国工业巨头通用公司负责制造，采用一台水冷式反应堆，总功率 250 兆瓦，更换一次燃料能使用 15 年，外加 2 台蒸汽轮；潜艇排水 18,750 吨，体长 171 米，宽 12.1 米，吃水近 12 米，下潜深度为 400 米，航速超过 20 节，理论续航能力 100 万千米；全艇编制 155 人，其中军官 15 人；潜艇装载了 24 枚美国当时最为先进的"三叉戟"导弹，还有 12 枚射程 12000 千米的战略核导弹——足以打击地球上任何目标。

"俄亥俄"级潜艇噪音极低，舰体表面涂有吸波材料，后期改成纳米吸波涂装。改进后的潜艇在雷达上的反射面积极小，就算被敌方雷达探测到，也会以为是很小的物体，不会怀疑是体积庞大的核潜艇。潜艇还装备了潜望设备，能在条件恶劣的深海活动。为了先于对手发现目标，该潜艇配备了 8 部声呐系统，采用计算机对所捕获的声呐信号进行频谱分析和目标识别。

"俄亥俄"级核潜艇是美国海军"三位一体"战略核威慑的中坚力量。其主要任务是用"三叉戟"导弹袭击敌方的政治中心、大城市、集团军集结地、港口和人口稠密地，也可以攻击对方的核战略要地等军事目标。当舰艇装满 192 个"三叉戟"核弹头，爆炸威力为 9 万千吨的 TNT 当量，能瞬间夺走数十亿人的生命。后期装备的"三叉戟"导弹射程超过 1 万千米，这意味着该潜艇就算部署在美国海岸附近，操作人员悠闲地啃着面包，面带笑容地轻轻一按发射按钮，远在万里之外的一个国家也将灰飞烟灭！

Part4 第四章

镇国重器——094 战略核潜艇

> 针对中国海军的发展，有人幽默地说："西方一直妄想着中国是他们的对手，那我们就努力做个合格的对手。"

核武器自从诞生之日起，就像悬挂在世界人民脖子上的达摩克利斯之剑，时刻威胁着人类的生存。为了打破核垄断，老一辈革命家高瞻远瞩，努力发展我国的核力量，为中国人民赢得了宝贵的尊严，维护了国家安全，再也不受霸权大国的核讹诈。

要想两个国家不会打起来，就必须保证双方有均衡的力量：攻击他人前，首先掂量下对方有没有反击的力量。核导弹也是如此，若没有"三位一体"的战略核力量，一切都是空谈，而且海陆空三者缺一不可。

2007 年，美国《华盛顿邮报》爆出惊天猛料：卫星显示，中国辽宁省葫芦岛发现一艘巨型潜艇，并正在为之加装核导弹！美国官员惊诧地说，我们料到中国正在研制新型战略核潜艇，但没想到他们进展得这么快，有证据表明，中国已经拥有了至少四艘这样的潜艇，中国首次拥有用核弹攻击美国本土的能力。

美国媒体所称的潜艇正是我国的"镇国重器"——094 型战略导弹核潜艇。

094 型战略导弹核潜艇属于守卫国家安全的重要武器，堪称"镇国重器"，从研制到服役一直处于保密阶段，连以搜集情报著称的美国也摸不着头脑，对 094 具体参数一无所知。据悉，更为先进的 096 级核潜艇也在研制阶段，相信不远的将来我国将同时拥有两种战略核潜艇。

094 型潜艇依然处于保密阶段，我们不可能知道具体参数。但据透露出来的信息显示，094 型水下排水量至少 18,800 吨，体长 130 米左右，宽 12 米以上；可携带 12 枚"巨浪 2"型战略核导弹，射程 6500 千米，或携带 8 枚 DF31A 式洲际导弹，射程 8000 千米，或携带 8 枚 DF5 系列导弹，射程 12,000 千米，也可以安装 24 枚传说中的 DF-21D 反航母导弹，足以对 2500 千米内的航母造成威胁。以上所有核弹头导弹钩携带 4～6 枚分弹头，总当量为 960 万吨 TNT。如此的射程加上如此的威力，其意义不言而喻。

中国在核领域的地位可以保证 094 有先进的动力装置，强大的水冷反应堆将为 094 提供充足的能量，使其性能优异，低静音能力使其具备了悄无声息地出入太平洋的能力，力破"第一岛链"的封锁。因为只要能进入太

平洋，射程超过 12,000 千米的巨浪 2 型战略核导弹，将覆盖地球的任何一个角落。中国制核潜艇以隐蔽性强，生存率高，机动性大而闻名，相信这些优良基因都被成功地移植到了 094 身上。我们有理由为国家取得进步而感到高兴，为 094 感到自豪！

敢为天下先——美"企业"号航母

第一次采用核动力，第一次实验性地进行环球航行但不加燃料，第一艘超过 340 米长的航母……"企业"号航空母舰凝聚了诸多耀眼的光环。

不可否认，战后的美国的确有一种拼搏奋进的精神，在各方面取得了伟大的进步。在设计制造航母上尤为突出，美国能在很短时间内设计制造巨型航母，更令人叹为观止的是，美国人天才般地提出把核反应堆建在航母上，而且他们真的做到了。

20 世纪 50 年代中期，美国已经完全掌握了核反应堆技术。1957 年，美国开始设计建造新型航母，按照美国海军的要求，新型航母至少达到 330 米长，以提供足够长的飞机跑道。驱动如此巨型的舰船当然需要足够大的动力系统，传统的柴油燃气机显然不能让海军方面满意，于是就有人大胆提出，能不能把反应堆建在航母上。

1958 年，美国开始建造"企业"号航空母舰，仅仅两年时间就完成了船

体部分的工程，进入内部安装调试阶段。
1961 年 11 月 25 日是值得美国海军纪念的
日子：世界上第一艘核动力航母正式完工
服役，并开始了它 50 年的荣耀。

"企业"号航空母舰是当时世界上最
大的舰船，船体全长 342 米，甲板宽 76
米，排水量 8.56 万吨；它的动力系统采用
8 座西屋公司的压水反应堆和 4 台通用电
气的蒸汽轮机，总功率超过 28 万马力，

知识小链接

1966 年 3 月 15 日，停泊
在台湾水域的"企业"号航空
母舰迎来了一群特殊的参观访
客，为首的正是败退台湾的蒋
介石、蒋经国父子。在 4 个小
时的访程中，蒋氏父子观看了
航母的主要设施和先进武器，
还观摩了美军起降战机演习。

最大航速 33 节。核动力航母最大优点是动力强劲，从不担心后勤补给和燃
料，因为更换一次燃料最多可以航行 92 万千米，足够绕地球 23 周！为了向
全世界验证核动力航母的巨大优越性，1964 年美国海军进行了环球航行，共
历时 64 天，走遍了五大洲四大洋，其间无需加油和更换燃料，总航程 30,000

多海里，近 60,000 千米。这次
史无前例的壮举立刻引起全球轰
动，人们无不被这巨无霸所蕴含
的能量所震撼。

"企业"号航空母舰装有 3
座导弹发射装置，飞行甲板能容
纳 65 架战斗机，另外船舱内能容
92 架战机。各类导弹和防空武器

种类繁多，塞满了舰船的弹药舱，其中包括数百枚"战斧"巡航导弹。舰载
武器一般视执行的任务而定。

1965 年，"企业"号航空母舰调入太平洋舰队，先后参与了越南战争及
战后撤侨行动。在它 50 年的服役生涯里，先后参加了许多大小战争、地区冲
突和政治事件。进入 21 世纪，"企业"号航空母舰依然在美国海军发挥余
热。2012 年 12 月，服役超过半个世纪的"企业"号航空母舰光荣退役，接
替它的将是"福特"级航母。

Part4 第四章

俄军之最——"库兹涅佐夫"号航母

航空母舰一般配备少量的自卫武器，其防卫任务主要是由编队的其他战舰负责，但"库兹涅佐夫"号的武器装备比巡洋舰都强大。

苏联向来重视导弹和陆上力量，认为只要有足够多的导弹，导弹射程足够远，就可以震慑一切敌人。然而进入 20 世纪 70 年代，苏联才意识到这是错误的观点，开始奋起直追，打造大型战舰，相继研发了"莫斯科"级直升机航母等一批战舰。直到 20 世纪 70 年代中期，苏联才拥有了真正能称得上航母的"基辅"号。然而美国连续生产了几艘排水量超过 8 万吨的航母，让苏联备感压力，生产大型航母已经迫在眉睫。

航母由多个系统组成，各系统又包含许多子系统。建造航母不仅需要大量资金，更需要的是各系统专业人才。苏联在坦克和导弹方面有专长，但在航母领域却始终落后于美国及西方国家。

1983 年，苏联倾全国之力，从各地调来 800 多名专业人才，开始了大型航母的建造。起初，给该舰命名"苏联"号，后改名为"克里姆林宫"号，也曾用名"勃列日涅夫"号、"第比利斯"号等，最后决定以原海军元帅库兹涅佐夫的名字命名。1985 年，新舰正式下水，开始了内部安装调试，1991

年加入北方舰队,正式服役。在建造该舰的同时,另有两艘航母也在同时建造。

"库兹涅佐夫"号航母全长306米,宽73米,吃水10米,标准排水量5.3万吨,最大排水量6.6万吨。该舰虽然不及同时期美国的航母,但这已经是苏联当时最大的舰船了。舰艇动力系统采用4台蒸汽轮机,总功率20万马力,最大航速为29节;舰艇人员编制共1960人,包括600名航空人员。美国航母的作用主要是用来运载战斗机和各类巡航导弹,而苏联的航母更像一艘超大号的巡洋舰,装备了各类武器,有防空导弹、反潜武器、地对空导弹等,其防空火力、反舰武器都非常强悍。该舰的主要舰载机有20架苏33战机、15架反潜直升机、2架预警直升机。

进入21世纪,"库兹涅佐夫"号航母已显落后,随着俄罗斯重建强大海军战略的实施,俄海军打算用5年时间重新改造此舰。相信升级后的"库兹涅佐夫"号航母必将重新绽放昔日的辉煌。

> **知识小链接**
>
> 库兹涅佐夫是苏联时期的海军元帅。在整个苏联时期,一共有40多人被授予元帅军衔,4人授予海军元帅军衔。苏联的军衔制度极为复杂,有陆军元帅、空军元帅、海军元帅、炮兵元帅等,甚至还有特种兵元帅。苏联最高领导人斯大林曾被授予大元帅军衔。

Part4 第四章

超级航母——"尼米兹"号

理科威尔上将抓住核动力航母的巨大优越性，巧妙游说国会并获得授权通过，于1967年获得国会拨款，开始建造"尼米兹"号。

理科威尔上将是核动力航母的坚定支持者，他利用一切方法和手段向国会议员推介航母的优越性。为在和苏联的竞争中胜出，美国会最终同意建造几艘更大的航母。几艘巨型航母的相继建成，进一步确立了美国在冷战时的领先优势。

1967年美国国会通过建造"尼米兹"号航母财政预算，1968年航母正式开始建造。这时的美国已经完全掌握了建造大型舰船的技术，建造工作也非

常顺利。1972年下水，进行内部安装调试。1975年，代表美国第二代航母的"尼米兹"号开始服役。

"尼米兹"号以及后来的"尼米兹"级航母均由纽波特纽斯造船厂承建，是当时排水量最大、现代化程度最高、水面作战能力最强的多用途核动力航母，其非凡的性能和庞大的体积一度被人称为"超级航母"。

知识小链接

切斯特·尼米兹是二次世界大战期间杰出的海军统帅，曾担任美太平洋舰队总司令和太平洋盟军司令，授海军五星上将。"珍珠港"事件后，美国海军开始在他的领导下对抗日本法西斯，最终代表美国接受日本无条件投降并签字。1966年，尼米兹去世，是美国最后一位逝世的五星上将。

"尼米兹"号满载排水量为9.2万吨，总长333米，宽77米，飞机机库高8.1米；它的动力系统采用2座通用电气的压水反应堆，4台蒸汽轮机，总功率达19.4万千瓦，另有4台应急柴油机，功率为8000千瓦，航速达30节。该舰采用了美国当时最为先进的通讯设备

和各种雷达，舰载飞机有"大黄蜂"战机，兼有攻击和战斗机作用；"熊猫"战斗机，该舰的主要战斗机；另有"鹰眼"预警机、"徘徊者"电子战飞机、"海盗"反潜飞机；该舰装备了4台飞机弹射器，全部采用超高压蒸汽推进，能将30吨的重物4秒钟加速到270千米/时，为各种战机起飞提供强大动力支持。舰载人员编制共3105人，其中航空人员2880人，海军陆战队72人，由此可以看出，"尼米兹"号主要用途是执行海外任务。

随着"尼米兹"号航母加入到美国海军战斗序列，美国进一步提高了对苏联的优势。1979年，伊朗发生伊斯兰革命，激进的革命分子冲进美国驻伊朗大使馆，扣押了52名人质。部署在地中海附近的"尼米兹"号立刻前往印

度洋。一支执行营救任务的小分队乘坐飞机从"尼米兹"号上起飞，乘着夜色潜入伊朗。由于营救人质的直升机数量不够，营救计划被迫取消。从事发到营救行动失败，一共持续了近5个月，"尼米兹"号一直停留在印度洋接近伊朗的水域，不需要添加任何供给。它强大的海上生存能力，执行海外任务的能力得到充分肯定。

　　"尼米兹"号已经服役40年，美国海军从未停止过对它的升级换装工作。现在，该舰装备了最新的数字化操控系统，配备了F-22和F-35等各种先进战机，继续充当着美国全球霸权的急先锋。

总统荣耀——"林肯"号航母

> 为了维持7艘以上的战备值班航母，以达到全球都有美国的海军力量，美国不得不继续建造大型航母。

在20世纪末期，美国已经拥有了9艘航母，分别隶属于7个舰队，部署在世界各地。美国在对苏联的冷战中胜出，有了压倒性的优势。航母战斗群编制庞大，每一次行动都耗资巨大，就连日常维护都是一大笔开销，有"吞金兽"之称。和平时期，美国有必要维持这么多的航母吗？在一般国家看来，花费这么多钱养这些巨兽，而一年都不用一次，的确是极大的浪费。但美国为了实现全球霸权，就必须得维持10艘以上的航母，因为每年都有三四艘处于维修保养期，剩下的7艘则分别隶属于7个舰队，镇守着世界各地。世界任何地方发生战争，至少需要3～4艘航母同时参与，美国的军事指导思想是，确保同时打赢两场局部战争，这就要求美国必须保持7～8艘航母，才能完成实现以上战略目的。

在此背景下，美国于1982年通过财政预算法案，同意建造"林肯"号航母。1982年末，著名的纽波特纽斯造船公司毫无悬念地获得了"林肯"号的建造合同。1984年开始安装舰船龙骨。纽波特纽斯公司已为美国海军建造了至少6艘航母，因此造舰业务轻车熟路，仅用4年，就完成了新式航母的所有工程。1989 年"林肯"号正式服役。

　　"林肯"号是"尼米兹"级航母的第 5 号舰，也是同级别最大的航母（当时"企业级"航母比"尼米兹"级更大）。该舰标准排水量 9.85 万吨，满载排水量 10.4 万吨，是第一艘超过 10 万吨的"尼米兹"级航母；舰体长 333 米，宽 76.8 米，吃水 11.3 米；该舰的动力系统依然是通用公司的 2 座 A4W 压水反应堆，4 座蒸汽轮机，最大功率 33.8 万千瓦，最高航速 35 节，是第一艘航速超过 65 千米 / 时的航母。航母设计得如此快速，显然是为了更加快捷地应对地区冲突和突发事件。该舰可以容纳 90 架固定翼战机和数架直升机，各种功能飞机应有尽有；自身武器装备包括 2 座导弹发射器，3 座密

知识小链接

　　为阻止伊朗进一步发展核计划并最终拥有核武器，美国表示，为了保护美国在中东的利益和地区盟友的安全，美国将不惜一切力量阻止伊朗拥有核武器。正在阿拉伯海上巡游的"林肯"号无疑是美国威慑伊朗的利器，不时地展示其令人恐怖的肌肉，以达到震慑伊朗的目的。

集近防系统和 2 座 21 单元防空导弹发射器。

通用电气改进了核反应堆，原来需要 15 年置换一次的机芯，改成了 30 年置换一次，不仅大大降低了维护成本，还大大提高了航母的行程和可靠性。理论上"林肯"号可以 30 年不停靠。

"林肯"号全舰编制 3200 人，另有 2480 人的航空人员，共有创纪录的 5700 人。有个说法是，在航母上服役四年，认识的人连四分之一也不到。维持这么多人的吃住，这本身就是一个庞大的系统。"林肯"号有四个大餐厅，每个餐厅都能提供 2000 多人的饮食；该舰的制淡水系统每天能生产 780 立方米的淡水，足够全舰人员的日常用水。

和平时期，"林肯"号更多地是参与了救灾和维和行动，1991 年帮助撤离菲律宾侨胞，1993 年在索马里协助联合国的人道主义救援，2004 年参与印度洋海啸救援。"林肯"号保持着美国海军的一项有趣的纪录：首次接纳女飞行员。令人遗憾的是，该女飞行员于第二年驾驶"熊猫"战机降落时，由于操作失误导致坠机身亡。

Part4 第四章

美利坚新贵——"布什"号航母

21世纪，作为"尼米兹"级航母的终结者，"布什"号无疑承载了美国人太多的梦想。

九一一事件后美国相继发动了阿富汗和伊拉克两场战争。世界并没有随着苏联的解体而平静，很多地区矛盾依然，冲突不断，美国为了维持自身战略利益，不得不保持一定的军事力量，以达到威慑对手目的。

2000年，美国就已经开始设计次时代航母。2002年，美国会通过"布什"号财政预算，海军正式开始建造该舰。美国希望2010年前"布什"号能服役，因为到2012年，巡弋半个世纪的"小鹰"号航母将退役，海军为保持11艘航母编队的现状，必须有新航母加入进来以填补"小鹰"号退役后的空缺。

2002 年，纽波特纽斯造船厂开始建造"布什"号。原本 2007 年之前就能交付的"布什"号，由于受美国经济不景气影响，被迫延期。2008 年爆发的金融危机再次使该舰推迟交工，直到 2009 年，新舰才交付美国海军，并正式命名为"布什"号，舷号 CVN-77，比预交时间推迟了 2 年。

"布什"号的外形与其他"尼米兹"级航母大不相同，突破了美国航母传统模式。由于制造时间最晚，所以该舰采用了最新的设计和制造工艺，最大限度地使用了信息技术，自动化程度非常高。"布什"号舰长 332 米，宽 77 米，吃水线上约有 20 层楼那么高；标准排水量 10.2 万吨，满载排水量 11.4 万吨。"布什"号设计之初，美国海军就要求满足 21 世纪作战需求，采用大量新材料、新技术，为美国下一代航母的设计做技术储备。该舰最多可搭载 100 架各种型号飞机，全舰编制 5700 多名官兵，包括 3200 名航母乘员和 2500 名航

> **知识小链接**
>
> 美国航母一般以人名来命名，尤其是那些被美国人视为英雄的将军、总统。比如美国二战时的海军上将尼米兹，美利坚的缔造者乔治·华盛顿；废除农奴制，领导美国人民赢得南北战争的林肯；出身演员，实行星球大战计划，最终拖垮苏联的罗纳德·里根等。

空人员；动力系统依然采用通用公司最新设计的两个核子反应堆，4 个燃气轮机，最大功率 26 万马力，最大航速 30 节。核子机芯可以连续使用 20 年，理论上该舰可以无限制航行；"布什"号采用更先进的导航系统和雷达设备，所有线缆和天线均实现内置式，极大地增强了隐身性能；舰载物资和食物足够近 6000 人使用 3 个月，而制淡水设备每天可以生产 2300 立方米的水。

值得一提的是，"布什"号采用了一种名叫"仿人动作科技"的液压起重设备，极大降低了舰上人员的劳动强度。以前 9 个人的工作量，在该舰上只需一个人即可轻松完成。美国认为，21 世纪将是信息化和网络化时代，为此美国海军将"布什"号打造成网络战中心平台，汇集了当今最先进的信息化设备，所有信息经过计算机处理后可以快速地传递给各个作战单位，甚至是千里之外的地面人员。

Part4 第四章

法国象征——"戴高乐"号航母

法国早在 20 世纪 70 年代就开始规划本国航母，然而出乎所有法国人预料的是，航母从设计图纸中走出来用了整整 25 年。

早在 1975 年法国就开始考虑设计下一代航空母舰来替代日益"福煦"号和"克里蒙梭"号。看到美国的"企业"号不加燃料完成环球航行的壮举时，法国人艳羡的同时也考虑未来航母使用核技术。1976 年，法国初步完成了新航母的设计蓝图。也许是法国人天生懒散惯了，舰船的制造工作直到 1989 年才正式开始。航母设计时一直被称作"黎塞留"号，以继承二战时的"黎塞留"号战舰，这是时任总统密特朗亲自命名的。但真正开工建设时，被时任总理的希拉克改名为"戴高乐"号，显然希拉克是戴高乐主义的坚定支持者，也是戴高乐的忠实粉丝。

正所谓好事多磨，这句话用在法国人身上再恰当不过了。原计划 1996 年服役的"戴高乐"号因为施工问题一拖再拖，不得不延期至 1999 年。就在"戴高乐"号完成所有工程，正式移交法国海军后，又发现新问题：核反应堆强度达不到设计要求，恐不能胜任长途航行，只得对之进行升级。2000 年测试飞机时，又发现斜向飞行甲板的长度不够，无法起降空中预警机，法国又对甲板进行加长改造。

改造工程断断续续进行了一年多，直到 2001 年才正式服役，足足比预计时间晚了 5 年！法国核动力航母从图纸上走下来用了整整 25 年，可谓创下设计、建造航母用时最长的世界纪录。

"戴高乐"号核动力航母标准排水量 3.5 万吨，满载排水量 4.25 万吨，舰长 261.5 米，宽 64.3 米，机库面积约 6300 平方米，能容 50 多架战机，此舰属于中型航母，相对于美国动辄 9 万吨、10 万吨的大型航母，该舰只能算"小儿科"。它的动力系统采用 2 座加压水冷核子反应堆，可保 5 年不用更换机芯。法国充分利用了在核电技术方面技术优势，虽然机芯不大，但能提供 8.4 万马力的核动力，使舰船拥有最高 27 节的航速。舰载 1150 人，其中航空人员 550 人；航母补充一次物资可以为全体人员提供 45 天的食物。

知识小链接

"戴高乐"号交工时，发现 261.5 米的飞行甲板根本无法起降美国的"鹰眼"预警机，不得不返厂加长加固，这使本来就延迟的航母又一次延时服役。对于出现这么低级的失误，法国人幽默地说："也许这位巨人吃不惯法国的奶粉，生下来就短一些。"语气诙谐却讽刺味十足。

"戴高乐"号核动力航母制造过程一波三折，中间暴露出无数问题，法国不得不一边建造，一边不停地修改设计，对其进行外科手术式的改造，走了不少弯路。不比不知道，一比吓一跳，通过"戴高乐"号的制造，我们可以发现航母的建造是多么复杂的工程——作为工业强国的法国尚走这么多弯路，何况一般发展中国家。从另一方面也反映出美国能轻松地制造那么多大型核动力航母，的确具有超强的工业制造实力，其科技水平和综合国力领先世界一大步，其大型舰艇的设计制造能力，更是无人匹敌。

第五章

空中雄鹰——战机

1903 年，莱特兄弟发明了飞机，第一次翱翔天空。虽然只飞行了 5 分钟，4400 米，但却意味着人类开启了一个崭新时代。飞机的诞生立刻让各国意识到其在军事领域蕴含的巨大潜力，并开始研究把攻击性武器系统安装到飞机上。从此，一种全新的武器出现在世人眼前，这就是战斗机。

Part5 第五章

曾经的王牌——德国 Me-262 战斗机

当这种性能卓越的战机出现在希特勒面前时，他轻蔑地认为它的空战能力不足，武断地指示将其改为轰炸机。

在 1938 年，纳粹德国为了快速征服欧洲，命令梅塞施米特飞机公司研制一种新式战机，并使用涡轮喷气发动机。1941 年，一架名为 Me-262 的原型机建造完毕，该机由著名的沃尔德玛博士设计了飞机的后掠翼机体，使用宝马公司的涡轮喷气式发动机。由于盟军不断地对德国境内的军工厂实行轰炸，导致 Me-262 两年后才投入生产。

Me-262 在人类航空史上具有重要意义，这是第一架用于实战的喷气式战斗机。当这款飞机为希特勒做飞行表演时，它呼啸而过，充分展示了其速度和机动性。但希特勒认为德国唯有进攻才是制胜之道，不用防守功能。他武断地命令将 Me-262 改成轰炸机，这一愚蠢的命令直接导致该机丧失了最佳发展机会，几乎断送了该机前程。

Me-262 战斗机分为单座和双座两种，盟军称之为"暴风鸟"，飞机空重 4.4 吨，最大起飞重量 7 吨，最高速度 870 千米 / 时，最大航程 1050 千米，采用 2 台宝马公司的涡轮发动机；火力系统包括 4 门 30 毫米机炮；改装过的

战机还有轰炸功能，能携带500千克的炸弹和24枚火箭。

Me-262作为战斗机第一次出现在战场时，英国飞行员惊讶不已，以为遇到了怪物：这种战斗机居然没有螺旋桨，而且它的速度快得惊人，瞬时就追上了英国战机。更让英国飞行员吃惊的是，它的机动性不可思议，能随心所欲地飞到英国战机背后，并实施袭击。Me-262一战成名，成为盟军挥之不去的梦魇，甚至一度怀疑德国人将永不可能战败。

知识小链接

尽管Me-262有着许多优点，但德国急需它投入实战，企图扭转战局，仓促之间设计制造的飞机，没有经过大量的测试和修改，直接拿到战场上，自然存在着诸多隐患，比如安全性低、机动性不可靠等设计上的缺陷。

事情很快有了转机，德国按照"元首"的指示，将Me-262改成轰炸机，这一改动大大影响了该机的机动性，成为德国飞行员的铁棺材。据说，盟军高层听到这一消息，不约而同地鼓掌欢呼、碰杯庆贺。颇有刘宋杀名将檀道济后，北方鲜卑将领额手相庆的意思。

纳粹德国曾一度视Me-262为救命稻草，希望其能成为扭转战局的利器。然而该机的生产能力远达不到当局要求，何况战争的胜负从来不会因为一两件武器而更改，德国纳粹也没有躲过覆灭的命运。尽管德国最终战败，但通过一年的实战证明了Me-262战机拥有巨大的威力，空战中处于绝对优势，的确是那个时代最强悍的战斗机。

第三世界的宠儿——米格-29

当苏联获知美国的 FX 计划时，立刻意识到现有的战斗机将无法匹敌美国的新式战机，于是决定紧跟美国，研制新机。

美国的 FX 计划是美国空军实行的一项绝密研发项目，就是后来的 F-14、F-15、F-16、F-18 等系列战机的前身。苏联当时最先进的飞机米格 -21，然而在武装、航程和机动性方面有很多缺点，将来不足以对抗美国的新式战机，苏联急需一款性能优异的战机来应对美国的挑战。苏联参谋部对新式飞机提出要求：超过 2 马赫速度、能承载重型武器、高机动性、能短跑道起飞等，著名的苏霍伊飞机设计局承接了这一项目，由米高扬飞机厂承制。

1977 年，历时 6 年的设计和制造，第一款米格 -29 样机成功试飞。直到 1983 年，米格 -29 才开始量产，并一直处于高度保密阶段，北约只知苏联在进行着新式战机的测试和研制，并不知道其具体参数和代号，称它为"支点"。1986 年，苏联一个飞行大队访问芬兰，才揭开了它神秘的面纱。

米格 -29 全长 17.32 米，高 4.73 米，翼展 11.36 米，空重 8.175 吨，正常起飞重量 15 吨，最大起飞重量 18 吨；飞机采用 2 个涡轮扇叶发动机，最大推力 100 千牛，约 11 吨，实用飞行高度 1.7 千米，最大平飞速度 2.3 马赫，约 2815 千米 / 时，爬升率 330 米 / 秒；装备 6 发对空导弹和 1 挺 30 毫米机炮，弹 1000 多发，其他火力按执行的任务而定；米格 -29 价格居中，相对于美国战机，更具性价比，单台 2900 万美元，更受发展中国家欢迎，出口到 40 多个国家和地区，全世界约有 2200 架。

知识小链接

世界上最便宜的战机卖多少钱？答案是 1 欧元，而且正是这种米格 -29 战斗机。20 世纪 80 年代，作为冷战最前沿的民主德国从苏联购进一批米格 -29。1990 年，德国实现统一，由于这批战机还比较新，就没有将之淘汰。2003 年，德国即将淘换苏制战机，将 22 架米格 -29 全部以 1 欧元的价格卖给了波兰。

米格 -29 战斗机超凡的机动性、杰出的格斗本领曾一度是北约飞行员的噩梦。该机的性能均达到或超过苏联参谋本部的设计要求，足以对抗美国的 F-4 和后来的 F-14。为了应对美国层出不穷、功能各异的战机，苏联在米格 -29 的基础上，针对美国单个飞机的特定功能，设计了许多型号，每个型号特点不同，有各自的长处和本领。苏联的这一做法大有"以不变应万变"的道理。

法兰西之鹰——幻影2000

法国达索公司在研制新型战斗机的道路上不断地探索，先后试验了幻影Ⅰ、幻影Ⅱ等机型，然而由于各种原因并未大规模投产。

在20世纪60年代，以美国为首的北约和以苏联为首的华约相互敌视，欧洲各国只得躲在美国的羽翼下，看着两个霸权大国上演着龙争虎斗。曾经的殖民大国，一向骄傲的高卢雄鸡——法国，此时也不得不看着美国脸色行事，这让崇尚自由的法国人脸上无光。为重塑法国尊严，重现法兰西的雄风，带领本国民众走出二战失败的阴影，法国清楚地知道，必须拥有自己的军事工业，制造出世界领先的军事产品，才是强国必由之路。为此，以戴高乐总统为首的法国坚持发展自己的军工业，包括生产高性能战斗机。

早在20世纪50年代，法国达索公司就已经生产了几款喷气式战机，虽然取得了一些进步，但距世界顶尖战斗机还有一定差距。20世纪70年代，随着美苏相继展出几款喷气式战斗机，法国也在悄然设计建造自己的新式喷气式战机。1974年，法国空军和达索公司再次合作，在幻影Ⅲ和幻影F1的基础上设计了幻影2000。1978年，第一架原型机试飞成功，1983年开始交付空军使用。

幻影 2000 采用 58° 后掠角设计，机长 14.55 米，翼展 9.26 米，高 5.15 米，机翼面积 41 平方米；战机空重 7.6 吨，最大起飞重量 17 吨，如此重量的飞机居然能载负 10 吨的负荷，可见其空气动力设计是多么先进；战机采用 1 台斯奈克玛公司的涡扇发动机，推力为 96 千牛，约 9.7 吨；高空最大速度为 2.2 马赫，约 2332 千米／时；低空最高速度 1110 千米／时，实用升限高度 18,000 米，海平面最大爬升率 284 米／秒；作战半径 700 千米，相对于美苏战机作战半径小了很多，但适合欧洲地区防务，毕竟需求决定性能。战机起飞跑道 460 米，着陆跑道 640 米；机载火力包括两门 30 毫米机炮，250 发弹，9 个外挂架（5 个在机身下，4 个在机翼两侧）能挂载各种型号导弹，最大载荷量 6.3 吨；飞机采用全金属半硬壳式框架，机头部分为玻璃纤维，座舱和机翼有碳纤维、轻

知识小链接

中国曾和幻影 2000 战斗机有过亲密接触：70 年代初，我国和西方为了对抗共同的威胁——苏联，关系变得很密切，引进幻影 2000 在政治上没有任何阻力。但我国军方和相关单位更青睐美国的 F-15 和 F-16 战斗机，而法国的幻影 2000 只是替补方案。但最终两种战机再次因政治原因被迫取消。

合金材料。

  幻影 2000 不仅得到法国空军的高度赞扬，在欧洲各国也备受欢迎，欧洲大多数国家都装备了这种战斗机。进入20 世纪 90 年代，法国在幻影2000 的基础上开发了许多新型号，大部分用于出口。米格 -29 大部分出口到第三世界，而幻影 2000 更受富裕国家的青睐，相继出口到沙特阿拉伯、阿拉伯联合酋长国、阿曼等产油国。该机不仅为法国和达索公司赚取了丰厚利润，还让法国人真正地扬眉吐气了一回。

Part5 第五章

世纪最佳——美国 F-15 战斗机

> 美高层认为未来战争将是一场核武大战，因此没必要发展高机动性的战机。经过越南一战，美国发现他们大错特错。

20 世纪 60 年代初期，美国战略家认为未来将是核武器的天下，谁能将核弹投到对方国家，谁就获得战争的胜利。因此，空军的发展目标就是高性能的远程轰炸机和具有拦截能力的战斗机。一时间，"空战无用论"成了美国空军发展的主题论调，为此他们在设计新式战机时只重视超音速飞行、先进传感器、先进机载导弹以及一定的空战能力。然而，过于追求机载能力和超音速能力则会降低战机的机动性和灵活性，这是鱼和熊掌难以兼得的取舍。

很快，美国为错误的判断付出代价：当美国人驾驶着轰炸机进入越南时，发现携带的巨型炸弹根本就打不到老式的米格战机，有时当美国飞机占据有利地位时，也不能将敌机击落。美国在越南战场吃了苦头，立刻更改 F-15 的设计，注重空战能力和格斗本领，提高战机的机动性和加速能力。1972 年，F-15 实现首飞，1974 年开始陆续交付美国空军。直到现在，F-15 依然是美军装备最多的战机，仍然是世界多数国家的主要战机。

F-15 是美国空军为夺取制空权而特意研发的，堪称"空中杀手"，服役

近 40 年，104 次空战无一伤亡，创造了任何战机都难以企及的纪录。该机全长 19.4 米，高 5.7 米，翼展 13 米；飞机空重 13 吨，满载时 20 吨，C 型和 D 型最大起飞重量达惊人的 30.8 吨，几乎可以作为轰炸机使用，在当时这是重量较大的战机。F-15 采用两个涡轮喷气发动机，最大推力 106 千牛，最高时速 2.5 马赫，约 3000 千米 / 时，超过当时所有机型的速度，其机动能力可见一斑；

知识小链接

美国的 F-15 战机恐怕是影视作品里出现次数最多的战机了，汤姆·克鲁斯主演的《壮志凌云》，哈里森福特主演的《空军一号》，以及 1996 年出品的《ID4 太空终结者》等。其中，汤姆·克鲁斯在《壮志凌云》中的表现激励了一代人，许多年轻人正是看了电影中飞行员的潇洒才志愿加入空军，体验飞在云霄的感觉。

飞机实用升限 18,300 米，航程超过 4600 千米，起飞跑道 274 米，着陆距离 1067 米，爬升率 290 米 / 秒；战机武器系统包括 10 个挂载架，4 个位于机身外侧，6 个位于翼下；携带多枚空空导弹、对地炸弹等。

F-15 战机还吸取了越南战争带来的另一个教训。在越南战场时，精神高度紧张的飞行员经常向对面过来的飞行器开火，误伤事件经常发生。美国在 F-15 上首次安装上敌我识别系统，两架相隔 250 千米的飞机不用任何语音识别即可自动判断出敌我，大大降低了误判发生率。F-15 的雷达系统也有重大改进，由于使用了可编程信号处理器，这使飞行员可以随时通过机载计算机调整战术。

美国一档军事节目曾评选 20 世纪世界十佳战机，久经考验的 F-15 勇夺第一。作为美国军工业引以为傲的拳头产品，曾经出口到 20 多个国家，大多数是美国的亲密盟友或北约国家，其中亚洲国家有日本、沙特阿拉伯、科威特、韩国、新加坡。

Part5 第五章

扛鼎之器——苏-27战斗机

苏联人一直在关注着老对手的一举一动，当美国秘密研制 F-15 时，苏联认为必须也拥有一种和 F-15 旗鼓相当的战斗机。

20 世纪 60 年代末，美国空军从越南战争得到血淋淋的教训，决定生产集机动性、空战能力、超高音速于一身的新式战机 F-15，以提高空战能力。苏联情报部门立刻获知了这一情况，立刻调整战略，计划生产一种在性能上与 F-15 差不多的战机。1969 年，苏联将新式战机的设计任务交给米高扬、雅科夫列夫和苏霍伊三家飞机设计局。苏联对新式战机提出了非常苛刻的要求：飞行速度在 2.35 马赫以上，实用升限 21,000 米以上，起飞推重比在 1.1 以上，海平面爬升度 350 米 / 秒，最大航程 2500 千米……总之，一切要求都向美国的 F-15、F-16 看齐，誓要在未来争个高低。

最后中标的苏霍伊设计局不负众望，经过 8 年"奋战"，于 1977 年试飞了新式战机，1979 年投入量产，1985 年进入苏联空军服役。

苏 -27 采用翼身一体技术，双垂尾布局，气动性极佳。为了降低战机自重，该机大量采用钛合金和铝合金材料。战机达到或超过了苏联当时的设计要求，最高时速 2500 千米 / 时，作战半径 1500 千米，最大航程 3800 千米；机长 21.9 米，宽 14.7 米，高 5.9 米；战机装有两台涡扇发动机，总推力超过 25 吨，最大起

飞重量29吨。

这一指标非常接近美国的 F-15，扬扬得意的美国人没得意多久，顿时丧失了优越性。该机有 10 个武器挂架，6 个位于机翼下方，4 个位于机腹，可挂苏联同时期各种空对空炸弹，改进发射装置后，也可以携带核弹，极具威慑力。

1989 年，苏 -27 在巴黎航空展上展示了最大飞行仰角为 120°的机动，能在 125 千米 / 时的速度下不失速，这一让人吃惊的本领立刻引起西方航空界轰动，同时期没有任何战机能做到这一动作，可见苏 -27 的机动性多么优秀。

后期的俄罗斯又对苏 -27 进行了改造，分别有单座陆基型、双座教练型、舰载战斗型、双座轰炸型等，这些改造主要是为了出口，满足各国不同需求。截至苏联解体，苏 -27 一共生产了 300 多架，后期产品主要用于出口，每架 3300 万美元。美国于 20 世纪 90 年代初也购买了 2 架苏 -27 战机，难道是美国也相中苏 -27 的优异性能了？答案是否定的。美国可真是深谋远虑，甚至不怀好意，买来苏 -27 给 F-15 作为陪练模拟实战。由于俄罗斯出口此款战机的对象国大多不是美国传统盟友，美国有必要熟悉其性能，使 F-15 在空战中轻松对阵苏 -27。

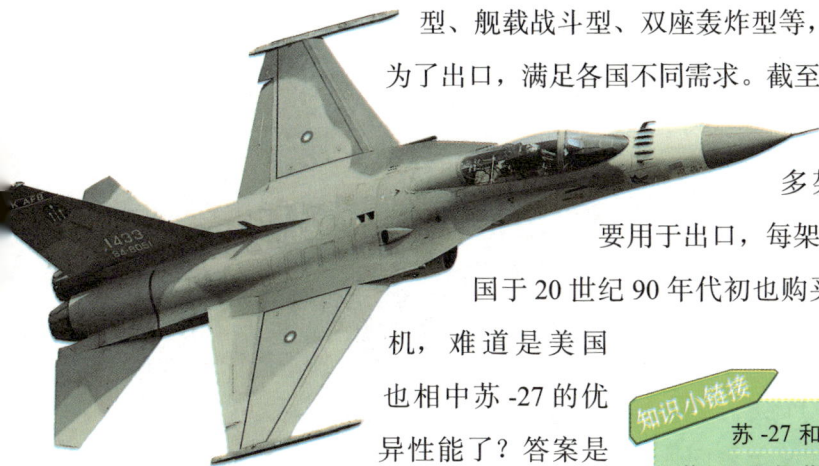

知识小链接

苏 -27 和苏 -33 的关系：苏 -33 是舰载机，为了使其更加适合在航母上起降，苏霍伊设计局在苏 -27 的基础上对其进行修改。原型机名为 T10K，1989 年成功降落在"库兹涅佐夫"航母上，苏联将其改名为苏 -27K，不久即又改名苏 -33。

"多角色"——法国阵风战机

> 英、法、德、西班牙四国在 ECF 计划上存在严重分歧，矛盾重重，法国愤而退出该计划，另辟蹊径，开始独自研制新式战机。

ECF 是指"欧洲联合战斗机"计划，由英国在 1979 年率先发起。发起者原希望英、法、德、西四国通力合作，设计生产欧洲下一代战机作为四国和北约成员国主要战斗机。然而该计划一开始就矛盾重重：德国希望该机具有优异的空战性能；英国希望它具备海外部署能力，强调多用途；法国希望它能取代"美洲虎"战机，计划将其发展成舰载战机。同时，法国更希望它成为欧洲的出口产品，更重视它的商业价值，这就要求必须降低生产成本。四国因此争论不休，谁也说服不了谁，最后倔强的法国人一拍桌子，愤然退出该计划，决定按照自己的想法独自研制新式战机。

法国达索公司毫无疑问地拿到了法国国防部的研制合同。经过 5 年研制，法国于 1985 年展示了战斗机原型，一年后实现首飞，并为之命名为"阵风"。该机所展示的性能立刻吸引了法国高层，国防部当即决定购买"阵风"战斗机。达索公司按照不同需求，又相继开发了几种不同功能的战机。

"阵风"战斗机采用 2 台斯纳克玛公司生产的涡扇喷气发动机，最大加力推力 7.5 万牛，约 9 吨，最大起飞重量 21.5 吨，最大载弹量 8 吨，平飞最高速度 2 马赫，约 2440 千米 / 时；该机长 15.3 米，翼展 10.9 米，机高 5.34 米，翼展面积 46 平方米；着陆跑道 400 米，重型机为 600 米；该机有 10 个武器挂件，6 件位于机腹，4 件位于机翼，携带各类空空导弹和对地炸弹，视执行任务而定。

"阵风"属于双引擎、多用途、高灵活性的三角翼战机，被法国人骄傲地称为"多角色"，以突出它的与众不同和多用途性。法国空军原本打算订购 292 架"阵风"战机，但实际采购数量却少很多，截至 2004 年才 120 架。

尽管"阵风"表现很出色，法国也为之骄傲，但它的表现似乎不像法国人吹嘘的那样神乎其神。在国际市场上面对美国和俄罗斯战机的围剿，"阵风"四处碰壁，让法国人很没面子。法国前总统萨科齐也四处奔走，做起了推销员工作，然而效果不佳。尤其进入 2008 年，由于遭遇金融危机，各国紧缩国防开支，"阵风"的销售情况更不容乐观。

中国王牌——J-10 战机

J-10 是中华人民共和国成都飞机工业集团为中国人民解放军空军研制、生产的单发、全天候、多功能、采用鸭式气动布局的第三代中型战斗机。

以色列于 1982 年成功地仿制了法国幻影 2000 战机，并命名"幼狮"。该机青出于蓝而胜于蓝，其机动性和火力系统更为先进。1988 年，中国和以色列合作设计生产新式战机。虽然此合作是秘密进行，但依然被美国得知。美国立刻给以色列施加压力，要求以色列终止该项目。起初，以政府顶住了压力，不理睬美国，后来美国提出若不中断该项目，美国将停止一切援助和军事支持。以色列于 1990 年单方面终止该项目。

这一奇耻大辱立刻让中国觉醒：研制最先进战机没有捷径可走，唯有自力更生，独立自主才能永远立于不败之地！1991 年，中国从头开始设计新式战机，项目被称为"10"号工程，承接此项目的是成都飞机工业公司。1997 年 J-10 实现首飞，1998 年完成机动性测试，2003 年完成了包括空中加油等在内的所有测试，投入批量生产。J-10 是养在深闺人未识，外界都知道中国有这么一款战机，但从未见其真容，中国也默许了 J-10 的存在。2007 年，新华社第一次全文发布了 J-10 的照片和相关视

频，直到此时，J-10 才揭开了她神秘的面纱。

J-10 由成都飞机工业公司研制并制造，采用和苏 -27 相同的 AL-31FN 涡轮发动机，最大推力 12.5 吨，起飞重量 12.4 吨，最大起飞重量 18.6 吨，最大载荷 7.1 吨，高空最大速度 2.2 马赫，低空 1.1 马赫；起飞滑行跑道 350 米，着陆 450 米，作战半径 1250 千米，最大航程 3200 千米；战机长 16.4 米，翼展 9.75 米，高 5.4

知识小链接

《防务周刊》杂志认为，中国 J-10 具有大推力，其鸭翼式设计可以使飞机实现垂直爬升，并确保战机在空中格斗时占尽优势，机动性已全面超过了同类型的 F-16 轻型战机。原苏霍伊设计局专家认为，J-10 只是采用了部分以色列机载设备，而总体却是中国人自主研制的，已达世界先进水平。

米，共有 11 个武器挂架，6 个位于机腹，4 个位于机翼两侧，飞机正下方也有一个，能挂巨型炸弹或对地核弹。J-10 实现了空中加油功能，这一设计大幅度提升了飞机的航程和作战半径。

J-10 的成功立刻引起了西方的高度关注，其优越的性能和灵活的机动性更是让品论家把该机定位为"三代半"战机。飞机的典型特征是前鸭翼式设计，有助于飞机快速爬升和机动能力。中国又在 J-10 的基础上发展了 J-10B，

该机主要用于将来出口。据悉，J-10B 单价 3000 万美元，比欧洲台风和法国阵风便宜 30%，很多发展中国家已经对 J-10B 表示了浓厚兴趣。

"心脏"不足依然是中国战机的短板，也是制约 J-10 出口的关键因素。J-10 采用了俄制发动机，在中俄合作之初，俄罗斯方面就要求中国不得出口使用俄制发动机的 J-10 战机，为此，中国科研部门一直在努力，争取几年内有所进展，开发"中国造"发动机。

J-10 的重要意义不仅使中国拥有了强大的空中力量，更为重要的是通过研发，科技部门造就了一支高技术、高素质的科技队伍，为我国研制新一代战机积累了经验，储备了人才。正是在这支科研队伍的努力下，中国再接再厉，相继研发了 J-20 和 J-31 两种第四代隐形战机，使我国航空技术与西方国家缩小了差距。

Part5 第五章

夜鹰——美国F-117

洛克希德公司的设计师在回顾相关科学文献时，无意间翻阅到了乌菲莫切夫的这篇论文，从而启发了他们研制隐身战机的想法。

苏联科学家乌菲莫切夫曾经在一本科学杂志上发表过一篇文章，他认为，雷达扫描物体的效果与物体的尺寸无关，而与边缘的布局有关。这篇文章并没有引起苏联军事部门的注意，认为不过是一般学术论文。六年后，洛克希德公司正在为如何进一步提高F系列战机的反雷达本领而发愁，技术师们翻阅各国文献，希望从中能找到改进方法。一位分析师无意中翻到了这篇公开发表的论文，被其中的观点所吸引，从而启发了洛克希德公司设计隐身战机的想法。

1973年，洛克希德公司通过大量的实验认为论文所持的观点是正确的！美国空军立刻成立了一个名为F-117A的绝密计划，洛克希德公司承接了研究项目。仅仅过了31个月，一架样机就开始在夜间秘密试飞，1982年第一架F-117正式交付空军。此计划从立项到测试一直是美国空军的高度机密，外界从来不知道这种飞机的存在。直到服役6年后，美国才正式向公众展示了这个像巨型蝙蝠的战机，立刻轰动世界航空界。

知识小链接

1999年科索沃战争期间，F-117战机首当其冲，轰炸了塞族许多重要军事设施。5月7日，美国置国际法于不顾，悍然对中国大使馆发动袭击，炸死3位使馆工作人员，引发国内抗议浪潮。战争期间，有一架F117被南联盟防空部队击落，塞族人民讽刺说："对不起，我不知道你是隐身的。"

F-117又被称作"夜鹰"，每次都是夜里执行任务，是名副其实的夜鹰。该战机长20.1米，高3.8米，翼展13.2米，翼展面积73平方米；飞机重13.4吨，最大起飞重量23.8吨；动力系统采用2台通用电气的涡扇发动机，最大推力48千牛，低空最大速度1130千米/时，高空最大速度2.2马赫，约2600千米/时，实用高度1万米，最大航程860千米；为了

实现隐身，F-117的弹仓设计在机身内部，可携带各种对空、对地导弹，甚至能携带4枚核弹。

以上数据显示该战机性能并不出众，机动性和航速、航程甚至还不如F-15，有什么过人之处呢？别忘了，这可是世界上第一架隐形战斗机，为了实现隐身，不得不设计成另类的样子，以最大限度地减少雷达反射面积。这种不符合空气动力原理的

设计，代价是降低了飞机的机动性、速度。该机通体乌黑，机身涂有吸波材料，能吸收雷达波，以达到隐身的目的。

美国一共装备了 59 架这种战机，每架售价超过 4300 万美元。当洛克希德公司打算全力生产这种飞机时，美国空军表示不再采购，也不允许该机出口。1991 年，F-117 出现在海湾战场，成功摧毁伊拉克 1600 个重大目标。伊拉克空军和防空部队的雷达似乎开始罢工，根本找不到美国战机的影子，只能挨打，毫无还手之力。

F-117 尽管拥有重要价值，但维护费用相当高昂，连一向财大气粗的山姆大叔也难以负担。由于缩减开支的缘故，美国空军忍痛将 59 架战机悉数退役。2008 年 8 月，随着一架战机完成它最后一次表演飞行，F-117 正式退出历史舞台。

Part5 第五章

王者归来——俄罗斯 T-50

俄罗斯渴望延续苏联时期的辉煌，重振大国雄风。著名的苏霍伊设计局再次勇挑重担，担当起新式飞机的研制。

苏联的土崩瓦解并没有缓解北约和美国的敌意，反而让俄罗斯人感觉国家在退步，再也没有昔日苏联的荣耀了。在国家安全方面也是如此，除了苏联时代留下的战略核力量，俄罗斯这么多年似乎一直在原地踏步，甚至大幅度倒退。俗话说，瘦死的骆驼比马大，俄罗斯毕竟继承了苏联大部分遗产，其军工依然实力雄厚，不容小觑。为了向世界证明北极熊依然是世界强国，俄罗斯十年磨一剑，推出了 T-50 隐身战

斗机。

第五代战机（西方称第四代）的要求是高机动性、隐身性能、超音速巡航、航程远和有效载荷大等，以上性能缺一不可。苏霍伊飞机设计局和米格公司相继拿出了各自方案，结果苏霍伊中标，为俄罗斯国防部设计第五代战机。

2010年T-50样机实现了首飞，2011年在国际航空展上公开亮相。T-50目前仍然处于保密阶段，但专家们已经就其表现推测出T-50的相关参数和性能。该机长22米，翼展14.2米，高6.05米，机翼面积78.8平方米；飞机采用"土星"公司的两台数控涡轮发动机，单个推力9.8吨，共19.6吨，后燃器推力36吨；战机空重17.5吨，最大起飞重量36吨，可携带10吨各式导弹；战机实用升限20,000米，航速2.3马赫，约2700千米/时，巡航速度1400千米/时；飞机爬升率为350米/秒，最大航程达到4100千米；航电系统一直是俄制战机的短板，但T-50终于弥补了此项缺点，它的雷达可以发现440千米外的目标。T-50采用内置武器架，由于起飞重量足够大，该机设置了14个武器挂架，几乎可以挂所有类型的对空导弹、对地炸弹和核弹头。

据悉，T-50的机身有等离子体材料涂层，隐身性能非常优秀。另外，机身采用的新式材料比钢材的硬度还高4～5倍，保证了战机高速飞行时的坚固和安全性。俄罗斯还为T-50装备了先进的无线电对抗系统，可以在不暴露自己情况下，发现并跟踪60个目标，打击16个目标。飞机指挥系统也实现了数字化，可以通过座舱的彩色显示屏操控战机。另有专家认为，T-50在很

知识小链接

印度于1983年就开始研制本国先进战机LCA，中国于1988年开始研制J-10。十几年过去了，中国的J-10早已翱翔蓝天，而印度的LCA依然处于测试阶段，交付日期一拖再拖，遥遥无期。印度国防部说，LCA战机至少得等到2015年才能交付使用。看来相当长的时间内印度依然是俄罗斯战机的主要买家。

多方面要优于同类型的美国战机。比如，由于采用等离子体隐身技术，没有必要改变边缘布局以达隐身效果，可以充分利用空气动力系统，使战机机动性更佳，更灵活。

T-50一经亮相，不仅吸引了航空专家的注意，也引起了印度的兴趣。看来该战机量产后完全不用发愁销路，因为出手阔绰的印度国防部已经迫不及待地向俄罗斯表达了购买愿望。

真正的猛禽——美国 F22 战斗机

> 为研制新一代战机，美国军方再次和洛克希德·马丁公司合作，研发取代现役的主力战机 F-15，新机有个令人生畏的名字"猛禽"。

在20 世纪 90 年代初，美国就开始研制下一代战机以取代将来退役的主力战机 F-15，以保持美国空军的领先地位。美国对下一代战机的要求是：具有高机动性、灵活性、大推力、载弹量大、航程远等特点。作为军方的合作伙伴，洛克希德·马丁公司再次接手该研发项目。

1990 年，代号为 YF-22 的样机实现首飞，设计显然没有达到军方要求，洛克希德公司只得对样机进行大幅度修改，应用大量新材料、新技术。经过长达 7 年的改进，样机再次起飞，名字换成了 F-22，外号"猛禽"。这一次，洛克希德公司没让军方失望，立刻获得大批订单。2003 年，首批 F-22 交付空

军；2005 年 12 月，正式开始服役。

F-22 是一种双发、单座隐形战斗机，采用 2 台普惠公司的涡扇喷气发动机，最大推力 208 千牛，约 22 吨，开启助力燃烧室后最大推力 346 千牛，约 35 吨；正常起飞重量为 29.3 吨，最大起飞重量 38 吨，仅此一项就超越所有现役战斗机；高空最大速度 2.5 马赫，约 3060 千米 / 时，海平面最高速度 1.21 马赫，约 1480 千米 / 时，巡航速度 1.80 马赫，约 1965 千米 / 时；最大航程 3200 千米，携带副燃料箱后航程为 4830 千米；实用升限 18,000 米，最大升限 20,000 米；飞机长 18.9 米，高 5.1 米，翼展 13.56 米，机翼面积 78.0 平方米，空重 16.3 吨。

知识小链接

作为唯一的现役第五代战机，F-22 极为先进，相信未来几年内都不会被超越。F-22 战斗力究竟怎么样，航空界众说纷纭，莫衷一是。最初，美国军方称 F-22 战力相当于 3 架 F-15，后又改口称相当于 4 架。经过计算机反复模拟对抗，又称 F-22 空战中可以轻松干掉 6 架 F-15。不知 F-22 是否真有这样的本领，还是在为其将来出口做广告。

F-22 可谓是造价最高昂的战斗机，单价成本 1.5 亿～ 2.1 亿美元，绝大多数成本用于新材料的研发和应用。该机大量采用钛合金、钴合金和复合材料，而钢的含量不到 6%。"猛禽"代表了当今战斗机设计的最前沿科技，也为第四代战机设立了标杆。洛克希德公司曾花费巨资请了超过 1000 名专家，涵盖各个行业，通过对新材料、新技术论证，使用了最先进的航空材料，对各系统进行了充分整合，使其拥有了无比强悍的性能。"猛禽"的机动能力、隐身性能、精确度和火力系统等，无论哪个方面都是世界最强的，最难能可贵的是将这几种性能综合在一种机型上。洛克希德公司自信地宣称："猛禽"的空战能力、综合能力和对地战力是世界上最佳的战斗机！

F-22 同样也吸引了世界航空迷的追捧，美国军方更是对其给予厚望，希望它彻底击败苏 -27、苏 -35 等俄制战机及改进型，保持美国空中优势。

F-22 代表了 21 世纪初美国科技的最高水平，汇集了所有科研人员的智慧，对其他战机具有压倒性优势，也是美国威慑他国的重要法宝。为了防止泄密，美国专门立法禁止洛克希德公司出口，洛克希德只得研制了性能稍差的 F-35 作为出口机型。

■ Part5 第五章

"黑丝带"——J-20

当 J-10 还处于测试阶段时，J-20 的研制工作就已经开始，而承担此项工作的依然是成都飞机工业集团。

美国之所能始终保持空军的领先地位，是由于不断地投入巨资研制新式战机。当 F-15 刚服役时，美国马不停蹄地开始了 F-22 战机研制。F-22 的服役让中国空军备感压力，新式战机的研制工作迫在眉睫。我国启动了下一代隐形战机的研发计划，承担此项重大任务的依然是成都飞机工业集团。

新机处于秘密设计时的代号是 J-XX，项目启动于 20 世纪 90 年代末，被命名为 "718" 工程。

美国一直在关注着中国的一举一动，揣测着中国的研发进展情况。外界也只知道有这么一个项目，但具体情况不得而知。直到 2011 年 1 月 11 日，才有媒体陆续拍到一架墨绿色试验机在成都军区试飞，这才印证了相关传闻。随着后续的屡次曝光，新机才逐渐掀开其神秘面纱，这就是正在测验阶段的中国 "黑丝带" ——J-20。

J-20 依然处于保密阶段，我国尚未完成对它的测试，但从

照片及流露出来的信息显示，该机长度约20～22米，翼展12.7米，机翼面积约73平方米；战机空重17吨，最大起飞重量37吨，武器装载能力11吨，可携带多枚远程对空导弹、2枚格斗导弹和2枚巨型炸弹，也可携带2～4枚对地核弹；巡航速度1.83马赫，约2240千米／时，最高时速2.5马赫，约3060千米／时；最大航程5500千米，最大飞行高度21,000米，作战半径2000千米，可以将东海、南海置于战机翼下。相对于T-50和"猛禽"，J-20有更大的块头，大体形为其提供了足够宽大的弹药舱和燃油舱，应该有足够的火力和较大的航程。关于J-20使用的发动机，外界普遍猜测是俄罗斯的AL-31改进型，但也有人说是中国自己

知识小链接

　　就算是铁杆军迷也从没想过中国的第四代隐身战斗机会来得如此迅猛，J-20立刻点燃了广大军迷的兴趣，激发了强烈的爱国热情。幸福来得太快，热情的军迷们纷纷给J-20起名"黑丝带""黑丝"，是黑四代的谐音，饱含着国人对其的热爱和期望，也表达了渴望祖国早日强大的强烈愿望。让我们共同祝愿中国军事现代化走得更远、更快、更好！

开发的 WS-15。无论是采用哪个发动机，2 台涡轮喷气式发动机至少能够提供 26 吨推力。

J-20 的隐身性能同样备受关注，世界航空界普遍怀疑中国是否在隐身技术方面真的取得了突飞猛进的进步，甚至有西方专家酸溜溜地说，中国 J-20 的隐身技术来源于 1999 年被击落的 F117 战机，正是在那次事故中，中国获得了宝贵的飞机碎片，从而破解了美国战机的隐身奥秘。这些推测更像是杜撰出来的故事，说得煞有其事。针对外国专家们不怀好意的冷嘲热讽，中国航空界义正辞严地表示：J-20 完全是中国自主设计制造，隐身技术更是一步一个脚印走出来的结果，绝非偷窃或抄袭他国的技术。

自从 J-20 露出真容，中国军迷就为之热血沸腾，人们均为国家在战机领域取得的发展感到由衷地高兴。

第六章

决胜千里——导弹

南宋时期火箭就已经被用于军事用途，100多年后，中国火箭技术传到欧洲，但作为武器的火箭发展缓慢。直到近代，液体燃料、电子技术和高温材料的发展为研制远距离火箭提供可能。二战时，导弹首次登上历史舞台，近代又发展了多种类型。今天，世界充斥着各种类型和功能各异的导弹，直接威胁着人类的生存。

Part6 第六章

导弹的先驱——德国 V-2

> 天才的艺术家能创作出传世之作，堪称艺术世界的瑰宝；天才的工程师能设计出异想天开的杰作并影响后世。V-2 就属于后者。

早在二战爆发前，美国和德国就分别研制过"飞行的炸弹"，其中美国于 1926 年首次发射了液体燃料火箭，这次发射更像一次物理试验。学术界普遍认为德国的 V-1 飞弹才是世界上第一枚导弹。德国 1932 年就开始研制一种新型炸弹，有自主飞行、遥控引爆等现代导弹特点。德国在 V-1 的基础上又设计了 V-2，并用它对法国巴黎和英国伦敦进行

知识小链接

人类许多伟大的成就皆来源于儿时最初的梦想，这话一点也不假！当年少的冯·布劳恩从妈妈手里接过一个望远镜时，立刻对浩瀚的宇宙充满好奇，开始畅想将人类送到月球。布劳恩后来加入美国籍，继续从事导弹和火箭研究。美国 NASA 正是在他的领导下，设计了"土星"号火箭，将"阿波罗"号送入月球，实现了儿时的梦想。

了狂轰滥炸，纳粹希望借此扭转败局，取得胜利。

V-2 的设计者是著名的火箭专家布劳恩，一位伟大的工程师。正是在他的主导下，设计并生产了 V-2 等一系列先进的导弹。V-2 的成功并没有给这位天才的工程师

带来一丝快乐，反而愧疚和懊悔伴随着他的一生。当获知德国用 V-2 袭击了英国伦敦并导致了几千人丧生的时候，布劳恩心痛地说，这是他一生中最黯淡的日子。他多次公开反对纳粹用它来袭击无辜平民，他不止一次地说："我们的 V-2 是伟大的产品，但它不应该落在地球上。"

V-2 采用液体燃料，全长 14 米，直径 1.65 米，重 14 吨，按比例装有 3.5 吨的酒精和 5 吨的液氧，头部装有无线电遥控装置，导弹内装有 800 千克的炸药。V-2 装有 260 千牛推力的发动机，飞行速度 1.7 千米 / 秒，飞行时间 320 秒，射程 320 千米，命中精度 5000 米。

截至纳粹投降，德国一共制造了 3745 枚 V-2，大部分都投到了英国。当这种炸弹第一次在伦敦市区炸响，除了遍地尸体外，更多的是带给英国人巨大的恐慌。

V-2 的出现让英国和欧洲饱受苦难，充分展示了导弹巨大的威力和发展前景，也让德国高层欣喜若狂。但纳粹并没有因此反败为胜，也没有挽救德国战败的命运。战后，原德国的导弹专家被美国接收，这无疑加快了美国导弹事业的发展，并为最终领先世界积累了人才储备。

Part6 第六章

两项第一——R7 洲际导弹

> 1957 年，塔斯社抑制不住兴奋，骄傲地宣布，苏联已拥有了射程超过 8000 千米的导弹，并特别强调"可以打击世界任何地方"。

战后，苏联在导弹领域突飞猛进，取得了巨大进步。1957 年 8 月 21 日，苏联成功发射了一枚 R7 洲际导弹（西方称之为 SS-6），射程达 8000 千米。这是世界上第一枚洲际导弹，也是可以运载核弹的导弹。尽管它的命中率相当低，但由于该导弹主要是用来运载核弹头的，精度反而显得不那么重要，只要能打到美国本土即可，命中哪个城市倒无所谓。

苏联塔斯社不失时机地反复播报：本国刚刚成功试射了射程 8000 千米的弹道导弹，可运载核弹。苏联各大媒体还特别强调：可以打击地球上任何目标——这句话显然不是让本国国民听的，而是让大洋彼岸的美国听的。果不其然，美国立刻被此消息惊作一团，整个国家都被恐怖气氛笼罩着，似乎明天苏联就会把导弹发射过来。

R7 绰号"警棍"，总长 30 米，直径达 8.5 米，总重 300 吨，射程 8000 千米，采用地面发射架发射，弹头重量 3 吨，无线电制导方式，命中精度 8000 米，核弹头为 500 万吨当量 TNT。R7 一共生产 10 枚，1959 年正式服役，属于苏联第一代战略导弹，更确切地说是过渡产品。

虽然头顶着世界第一种洲际弹道导弹的光荣头衔，其实该导弹没有一点实用价值。尽管苏联骄傲地吹嘘着新式洲际导弹如何具有威力，如何厉害，但他们自己心里非常清楚这种东西的弊端，R7需要加注15吨的液氧，而且加注时间超过30小时，有临阵磨枪之意。由于导弹体积太大，只能用发射架发射，导弹的生存能力很低，反应速度太慢。这也是为什么苏联只部署了10枚该导弹，更多是象征性意义。

知识小链接

1957年，苏联发射了第一颗人造地球卫星。消息传开，世界为之震惊：苏联再次领先美国。卫星名叫"斯普特尼克"号，也叫"旅伴"号，卫星直径58厘米，重83.6千克，有一台双频发报机。虽然该卫星只在太空中逗留了3个月，但却推动了世界各国探索空间的步伐。

苏联意识到这些问题后，立刻着手解决，从而衍生了许多火箭和导弹型号。真是歪打正着，既然只能在发射前添加液氧燃料，那就把它当航天运载工具吧！于是苏联把R7废物利用，将它改成了飞船运载火箭。R7也的确不负众望，居然又得了一个光荣头衔：第一次将人造地球卫星"斯普特尼克"送入太空！一种火箭，两种荣耀，实在是奇事一桩。

R7火箭渐渐成为一个大家族，包括后来的联盟号、东方号、卫星号和闪电号等。同时，研制新式的可以真正投入实战使用的、能对美国构成核威慑的洲际弹道导弹任务交给了586特种设计局。很快一种代号R16的洲际导弹被研制出来，成为真正意义上的战略核力量，而R7则被当作宣传对象，光荣地登上苏联的各大媒体头版，被轮番吹嘘着、炫耀着。

Part6 第六章

百炼成钢——"战斧"巡航导弹

美苏两国受到"限制战略武器"条约的束缚，开始停止战略洲际导弹的研发，转而大力发展巡航导弹。

在20世纪70年代，美苏争先恐后地推出了威力巨大、射程超远的洲际战略导弹，每个导弹都携带有 3～6 个核弹头，每个弹头足以将一个中型城市摧毁。赫鲁晓夫曾恐吓西方说："我们苏联制造洲际导弹就像制作香肠那么容易。"这当然是吹嘘，但苏联制造洲际战略导弹的速度的确很快，仅十年内就

知识小链接

"战斧"射程远、飞行速度高、巡航高度很低，弹身设计合理，有很小的雷达横截面，很难被探测到。该导弹还可以在飞行过程中自动修复弹道，调整速度和高度。"战斧"的缺点是常规炸药的威力不足，由于导弹附件太多，限制了它的有效载荷，直接影响弹药的填装，用来打击钢筋水泥的地下目标时效果不够好。

装备了 3000 多枚。这些导弹足够将世界毁灭十几次！美国也不甘示弱，也部署了 2000 多枚，不仅在接近远东地区的阿拉斯加，在欧洲的军事基地也大量部署洲际导弹。这些毁灭性的武器就像挂在人类脖子上的达摩克利斯之剑，始终威胁着人类的生存。美苏也意识到问题的严重性，双方只好坐下来谈判，签署限制洲际弹道导弹发展。

随着微电子和小型航空发动机等高科技的发展，为新型导弹的研制提供了条件。20 世纪 70 年代中期，美苏悄然发展巡航导弹。"战斧"式巡航导弹就是在这个时候被成功研制出来。

1983 年，经过通用公司 10 年的秘密研制，"战斧"巡航导弹正式装备部队。美国又陆续推出了海基型、空战型，分别装备到潜艇、航母、轰炸机

和战斗机上。导弹在尺寸上大致相同，只是在弹头、制导系统和发动机上有细微差别，这些都是为不同的发射平台而专门设计的。

"战斧"式巡航导弹全长5.56米，直径0.53米，最大射程2500千米，巡航速度0.72马赫，891千米/时，巡航高度50～150米，起飞重量1.2吨，有效载荷122.5千克，既可以是高爆炸药，也可以是小型核弹。近几年美国为其安上了贫铀弹，所炸之处环境被严重污染。动力装置采用通用公司的一台涡轮风扇发动机加一台火箭推助器，使用固体燃料，最大载荷267+3100千克（若载重3100千克时，附带一台火箭助推器）。

初期的"战斧"命中精度为10米，随着美国全球定位系统的成熟，改进型的导弹命中率被控制在1米。

我们在电视上经常可以听到"战斧"的大名，它也是目前参加实战最多、使用最频繁的巡航导弹了。伊拉克人尤为仇恨"战斧"巡航导弹：1991年的海湾战争首次大规模使用，1993年美国用它打击伊拉克所谓的核基地，1996年打击巴格达。科索沃战争时，美国从航母和轰炸机上一共发射了超过1000枚的"战斧"；进入新世纪后倒霉的伊拉克人再次尝到"战斧"的苦头，曾经的枭雄萨达姆也被美国绞杀。

海上杀手——法国"飞鱼"反舰导弹

"飞鱼"这种反舰导弹以体积小、重量轻、精度高、掠海飞行能力强和全天候作战能力为优势。曾在1982年的英阿马岛之战和1991年海湾战争中发挥了重要作用。

世界上的任何事物都是在矛盾中发展、壮大、再进步。一种武器再厉害，也有克星。天上有轰炸机，地上就有防空导弹；地上有装甲坦克，地面下就埋有反坦克地雷；海面有大型舰艇，人们就研制了反潜导弹。

法国曾于1964年展示了第一代反舰导弹，是由法国和德国共同设计制造的。然而该弹命中精度、飞行速度和航程都未达到海军要求，于是法国决定在此导弹的基础上重新设计一种反舰导弹。1968年，欧洲军火商巨头法国航太公司公开展示了新式反舰导弹的模型，并起了一个活泼可爱的名字——"飞鱼"。

1979年，首批飞鱼导弹正式服役。航太公司根据法国海军反馈的信息，又对导弹做了修改，衍生了几种型号，有潜射型、舰载型等。

"飞鱼"反舰导弹长4.7米，直径0.35米，翼展1.1米，总重670千克，携带165千克弹头。导弹采用固体燃料推进，最大飞行速度315米/秒，约

马岛战争是1982年发生在阿根廷和英国之间的一场小型海战，西方也称南大西洋海战或弗兰克海战（英国称马岛为弗兰克岛）。战争规模不大，伤亡也很小，但对两国的政治影响深远：撒切尔进一步巩固了首相地位，并带领保守党赢得第二年的选举；阿根廷则爆发了反军政府运动，促进了民主化进程。

0.93马赫，初期型射程45千米，后期改进型70千米以上。导弹采用惯性制导或雷达导引，有定时、碰撞爆炸功能，发射平台为空投、海基、潜艇。"飞鱼"优异的性能立刻吸引了多国海军的兴趣，在国际市场上很受欢迎，先后有40多个国家购买并装备。

"飞鱼"反舰导弹主要用来对付大型水面舰艇，如巡洋舰、驱逐舰、导弹护卫舰等。"飞鱼"是名副其实的飞鱼，可以贴着海平面飞行，能自动调节飞行高度。由于飞行高度极低，很难被雷达探测到，就算探测到，也无法拦截。

"飞鱼"反舰导弹在1982年的英阿马岛海战中表现出色，名声大噪：阿根廷海军战机在距英国"雪菲"号20千米的地方发射了2枚空投型"飞鱼"，当中一枚没有击中目标，

另外一枚在离军舰10千米左右处启动雷达跟踪并锁定目标，一举击中。导弹没有引爆，但携带的固体燃料还没有燃完，立刻引发驾驶舱大火。军舰被拖回英港后，由于进水太多而沉没，这是英国二战后唯一被击沉的军舰。

Part6 第六章

反导利箭——美国"爱国者"

洲际战略导弹不再是各国的主要威胁，而巡航导弹的出现，则对海上军舰、地面军事目标构成威胁。

20世纪80年代，对抗中的美苏争相发展巡航导弹、中远程导弹，以填补洲际导弹在局部战争中的不足。为了对付巡航导弹，各国想尽办法，最终，一种中程地对空导弹横空出世，其中最著名的就是美国的"爱国者"导弹系统。

其实早在1960年，就有美国人提出：可以用超高速导弹拦截苏联的洲际导弹。这种想法在当时简直是异想天开，试想如何能拦截飞行速度超过3倍音速的导弹？但也有人认为，只要速度超过3倍音速，加上正确的引导，就完全可以将其击中。理论上当然可行，但将之付诸实际，美国用了20多年时间。

1976年，美国雷神公司在对空导弹的基础上，研制了拦截导弹系统。1984年，改进后的系统正式充军，并命名为"爱国者"导弹。

"爱国者"导弹长5.31米，直径25～41厘米（三种型号皆不相同），翼展84厘米，总重900千克，负载73～91千克高爆弹头，接近目标自行引

"NMD"全称国家导弹防卫系统，最初来自于20世纪80年代冷战时期。当时的里根总统为了应付来自苏联洲际导弹的威胁，准备打造一个覆盖全美的导弹拦截网。该系统耗资惊人，建设周期长达40多年。苏联正是为了对付该系统，大力发展军备，最终被实力更强的美国拖垮，导致解体。有人说，NMD和TMD本身就是一个圈套，就是引苏联上钩。

爆。动力系统采用固体火箭发动机，最大速度5马赫，改进型为6马赫，飞行高度24,000米，有效射程80～160千米，采用指挥引导和雷达制导。

1991年的海湾战争中，美国用"爱国者"导弹拦截了大量的俄制"飞毛腿"导弹，减少了己方伤亡。雷神公司宣称，导弹的拦截率在50%～70%以上，这显然有吹嘘的成分。美国麻省理工学院的教授经研究认为，该导弹拦截成功率为10%以下。雷神公司又改口说拦截成功率在30%～50%。

海湾战争结束后，雷神公司将伊拉克的飞毛腿导弹描述得如何厉害，中东各国被其忽悠，争先恐后地购买"爱国者"拦截系统，雷神公司借机大发横财。据悉，一套"爱国者"导弹拦截系统约170万美元。

雷神公司也意识到了"爱国者"存在的缺陷和问题，从没停止过对其升级改造。进入21世纪，美国加快了NMD进度，大量采购"爱国者"Ⅲ型拦截导弹，该项目最大的受益者就是雷神公司。同时，欧洲各国和美国盟友为了配合美国的防务需求，也纷纷购买该系统。这些国家包括欧洲的德国、荷兰、比利时，亚洲的韩国、日本、以色列等。

Part6 第六章

航母猎手——中国 DF-21D

中国 DF-21D 具有精确度高、变轨能力强、突防能力强、机动能力强等特点，是主要用来对付航母的武器。

在1995 年，李登辉抛出"两国论"，将两岸关系拖入谷底；1996 年 3 月，解放军在福建沿海一带进行军事演习。美国海军立刻派遣了"独立"号和"尼米兹"号航母驶入中国海域，对中国进行恐吓。这是继越南战争后，美国海军最大规模的军事调动，中美大战似乎一触即发。最后通过谈判，台海恢复平静，美海军也撤离中国海域。

1996 年的这次危机让中国清醒认识到：面对美国庞大的航母编队，我国没有一件可以反制的武器！这次危机深深刺痛了中国人，高层立刻决定研发一种专门用来猎杀航母的利器，以便未来阻止美国插手台海和东海事务。

十几年过去了，中国 GDP 翻了两番，超越日本成为世界第二大经济体，实力也不可同日而语。中国相继发射了"神舟"飞船，实现载人航天和月球探测，火箭技术和航天技术突飞猛进。在对付航母方面，外界普遍猜测中国有这么一件利器，但一直没有得到中国政府的证实。国外航空界普遍认为：

　　一篇名为《2015年美国海军败于中国》的文章虚拟描述了中美海战：一枚从天而降的DF-21D击中了"华盛顿"号航母，甲板到底层立刻出现一个直径6米的弹孔，巨大的爆炸点燃了仓库的弹药，引燃了400立方米的航空燃油，85架各类战机沉入海底，5500名船员瞬间丧生……

　　中国用来猎杀航母的导弹正是DF-21D，是在原来DF-21的基础上设计的。中国原来的DF-21C导弹采用固体燃料，使用车载移动发射，有效载荷2吨，最大射程1700千米。该型号导弹发射装置太大，不利于机动，于是又出现了DF-21D。

　　国际媒体猜测，DF-21D射程至少2500千米，后继型至少3000千米，足以覆盖整个东海、南海和日本以东的太平洋西岸，导弹重入大气层的速度最高10马赫。这么高的速度，就算没有弹头也会将万吨级的舰艇击穿，而高速度唯一的目的就是提高突防能力，防止被拦截。

　　DF-21D是世界上第一种，也是唯一一种能攻击海上大型移动舰艇的陆基弹道导弹，有机动车载发射和终端导航的优点，载弹量大、命中精度高，能准确击中以50～55千米时速航行的大型舰艇，堪称"航母猎杀器"。美国国防部也证实了DF-21D的存在，海军司令感慨地说："美国航母随便出入中国东海的日子一去不复返了。"美国军事专家曾专门研究DF-21D的性能，得出结论是：只要被DF-21D击中，美国航母必沉无疑。另有分析认为，中国DF-21D命中率在30%左右，这意味着，只要同时发射3枚DF-21D，就一定会将10万吨的航母击沉。美国海军拥有多艘航母的优势因为DF-21D的出现而丧失殆尽。

　　外界都在揣测中国的这款导弹，世界众说纷纭，褒贬不一：有的认为这种导弹末端速度达到12马赫，任何反导弹武器都拦截不住；有的认为这种导弹不可能在10马赫的状态下调整弹道，击中目标；甚至有人认为中国根本就没有这种武器。

Part6 第六章

超级导弹——"白杨"系列

美俄两国都是世界核大国，虽然都宣称不再将核导弹对准对方，但谁都明白，30秒内即可重新设定导弹。

苏联留给俄罗斯的不仅是大面积的领土，还有这片领土下各种各样的洲际导弹。当今世界，各国的武器系统正在悄然发生着变化，即向通用型和一体化发展，核导弹也不例外，俄罗斯希望拥有一种新型洲际导弹，兼有海基和陆基功能，从此只保留这一种导弹，再也不用维护苏联留下来的功能各异、五花八门的导弹系统。另外，苏联的战略导弹生产线大部分位于俄罗斯境外，甚至许多零件都由原独联体国家设计制造，这种情况与俄罗斯大国地位极不相符。因此很有必要重新设计一种洲际导弹，而且全部部件在俄罗斯境内生产、组装，这是出于维护国家

安全的考虑。基于以上原因，俄罗斯于20世纪90年代初期研制了"白杨"M系列。

　　"白杨"M系列算是这个星球上最为恐怖的武器了，该导弹重47吨，长23米，直径1.86米，可携带1.5吨的弹头，能运载任何一种核弹头。火箭使用固体燃料，发动机动力极为强劲，能以疯狂的速度一飞冲天，最远射程

达 1 万千米，能摧毁地球上任何目标。因为该弹具有极高的速度，无论以什么方式拦截，都无法将其击中。美国人自然明白这种导弹是为谁而生的，故为其起名"疯子"。美国军事专家也承认，"白杨"系列能轻松穿透美国的防卫系统，打乱了美国 NMD 计划。

1994 年俄罗斯试射了"白杨"导弹，1997 年导弹定型并开始陆续列装战略部队，2000 年俄罗斯开始以每年 35 枚的速度部署这种洲际导弹，并计划十年内部署 270 枚以上。

知识小链接

"白杨"M 系列在设计时受到 START 条约限制。该条约由 1991 美国时任总统老布什和俄罗斯总统叶利钦签署，旨在进一步削减并限制战略性核武器的一份条约，分别为 START Ⅰ 和 START Ⅱ。真是"崽卖爷田不心疼"，2001 年时任总统小布什宣布美国将退出反导条约，根据条约规定，半年后美国将自动退出 START Ⅱ，老布什费劲千辛万苦签订的条约被小布什废除。

由于美俄早已签署了限制洲际导弹条约，"白杨"M 系列也受到此条约的约束，设计上隐去了许多性能，比如飞行距离本可以超过 15,000 千米，但只设计了 10,000 千米。为了弥补射程上截去的性能，设计者取长补短，特意将它的飞行速度提高，巧妙地躲过条约限制。

　　"白杨"M最大优点是可以短时间内分装成多个分弹头导弹，每个分弹头拥有独立的制导系统。这意味着，"白杨"M具有极强的抗电子干扰能力。为了进一步提高导弹的穿透能力，弹头可以每30秒自动变换一次飞行参数，敌方的反导和拦截系统根本来不及锁定弹头，也无法判断弹头的飞行参数，所有这些设计显然是为了穿透美国的NMD。近几年俄罗斯基本完成了"白杨"M导弹的部署工作，拥有5个井式发射团和6个公路机动团，每个团拥有6套导弹系统。看来建立覆盖全美的反导系统，恐怕美国人要做的还有很多。

Part6 第六章

护国巨擘——东风 31

> "七五"计划提出，军事现代化仍以常规武器为主，战略武器为辅。我国不再设计各种名目的导弹，而要专心发展一种洲际导弹。

从20世纪60年代起，中国就已开始了导弹的研究。在半个世纪的艰难探索中，我国的导弹技术一枝独秀，不仅产生了东风系列导弹，还衍生出"长征"系列运载火箭。

进入20世纪70年代，我国开始研制第二代战略导弹，即使用移动式发射架，采用液体燃料推助器。20世纪80年代初期，我国调整战略部署，贯彻"常规武器为主，战略

知识小链接

什么是二次核打击能力？

二次核打击能力是一个有核国家拥有核威慑的重要标志，是指已方的核武器基地和发射系统被破坏后，仍有能力组织核力量进行反扑，实施有效的核反击。通俗的说法是，当敌方轰炸了我方的战略要地或陆上核基地后，我方依然可以用其他核导弹进行报复。

武器为辅"的方针政策。在此背景下，航天工业部正式立项，开始研制第二代洲际战略导弹——东风31。经过10年的探索，我国于1995年试射了东风31，1996年，导弹定型并开始列装"二炮"部队；1998年，东风31已经形成战力，成为守卫国家安全的重要保障。1999年10月1日的建国50年大阅

兵，几十枚东风 31 缓缓走过天安门广场，接受人民检阅，海外媒体第一时间报道了该导弹。

东风 31 洲际战略弹道导弹全长 13.4 米，直径 2.2 米，起飞重量 17 吨，最大射程 9000 千米，有效载荷 700 千克，可携带 100 万吨当量的 TNT 核弹头，或更多分弹头。改进后的东风 31A 射程 11,270 千米，有效载荷为 1050～1750千克，至少可以携带三枚核弹头和多个诱导弹头。导弹采用三级推助，固体推进器，使用惯性制导和星光引导，可用 16轮卡车、火车、井式等多种发射平台，命中精度 500 米，改进型精度 300 米以内。

东风 31 是中国第一种远程固体弹道导弹，与其他东风系列导弹相比，在体积、生存能力、打击精度和突防能力上有了大幅度改进。中国的导弹专家们为了实现弹头小型化、制导微电子化，可谓费尽心机，硬是将 82 吨的庞然大物缩减到 20 吨，而反应时间和打击精度却提高了 4～5 倍。

经过两次改进后，东风 31A 的运载能力翻了一倍，可携带 6～8 枚 25 吨分导核弹，射程超过 14,000 千米。未来，我国将为 094 式潜艇配装东风 31A洲际弹道导弹，将实现水下发射第二代洲际战略弹道导弹，核威慑力量进一步提升。

导弹巨无霸——"和平卫士"

　　由于"和平卫士"的存活率较低，而且耗费巨大，美国国会撤销了部署100枚的计划，转而部署造价较低的"民兵"Ⅲ战略导弹。

　　1972年，美国开始设计第四代洲际弹道导弹，项目代号 MX，意思是"实验性的火箭"。1976年，火箭代号被正式命名为 LGM，也叫"和平卫士"。1986年在加州的范登堡空军基地对试验导弹进行了第一次试射，火箭向西南飞行 7800 千米后击中太平洋上的一个目标靶场。美国马丁·马利埃塔公司于 1984 年开始生产此类导弹，1986 年为其建设发射井。截至 1988 年美国已部署 50 枚"和平卫士"。生产之初，国会原本打算在美国西海岸部署 100 枚以上的"和平卫士"，但由于该导弹存活率较低，成本过高，美国国会于 1985 年终止了此项目，并要求提高存活率，降低生产成本。

　　"和平卫士"是美国第四代洲际战略弹道导弹，每一枚导弹可携带 10 个以上核弹头，每个

核弹头威力在 30 万吨 TNT 当量，具有多目标、精度高等优点。导弹体长 21.6 米，直径 2.33 米，发射重量 87.5 吨，有效载荷 3.2 吨，最大射程 11,000 千米。部署在加州沿岸的"和平卫士"可以锁定苏联境内任何目标。导弹采用四级推进方式，前三级采用固体燃料推进，第四级采用可长时间储藏的液体燃料推助，采用地下井发射平台。

"和平卫士"最大的优点是有着精准的制导能力，误差不会超过 100 米，这对于射程上万千米的导弹简直是精准无比。

知识小链接

导弹按射程可以分成近程、中程、远程和洲际弹道导弹；按发射平台可以分为陆基、公路、潜艇和轰炸机；按目标分为反舰、地对地、地对空、空对地、空对空等。除了本章介绍的几种知名的导弹外，还有一些比较有名的系列：形成战力的有印度的"烈火"、法国"M51"，仍在测试的有伊朗"流星"，以及朝鲜"劳动""大浦洞"等。

该弹另一优点是能突破任何拦截导弹，当时的苏联虽然没有导弹拦截能力，但美国设计之初就考虑了突防能力，赋予了"和平卫士"很高的速度，有超强的突防本领。由于追求过高的精准度和速度，设计时采用了大量新材料，制造工艺也极为复杂，因此研制、生产成本非常高，美国国会只得忍痛割爱，于 2003 年全部将"和平卫士"洲际导弹发射系统拆除。

美国 20 世纪 90 年代初曾将"和平卫士"改造成可以用火车运载的导弹，准备部署到欧洲，但由于东欧剧变，苏联解体，昔日的威胁不再，美国也没必要兴师动众花巨资继续该工程，加上预算缩减，该计划最后被废除。

和大名鼎鼎的"怪鸟"B-1 轰炸机一样，"和平卫士"导弹系统花费了美国巨额研发军费，到头来却对国家没多大用处，美国公众对该导弹的批评

声不断。迫于美国民众舆论，美国国防部只得转而部署另一种洲际导弹，以求"不求最好，但求实用"。"和平卫士"被全部拆除后，"民兵"Ⅲ型洲际战略导弹替补上来，成为目前美国使用最广泛的战略洲际弹道导弹。

第七章
未来武器

　　没有做不到，只有想不到，人类在研发武器方面从来没有停止过探索的脚步，许多以前只能出现在梦想中的武器，均一一走进真实世界。随着科技的发展，新技术、新材料不断涌现，尤其是计算机技术的突飞猛进，使人类可以随心所欲地制造更加先进、杀伤力更大、功能匪夷所思的武器。具有讽刺意味的是，人类在科技领域取得的每一次进步，并没有让世界更加安全，反而威胁着人类的生存和前途。

X-34

Part7 第七章

致盲武器——激光枪

国际红十字会担心激光枪很快就会装备到部队，强烈要求各国遵守《日内瓦公约》，禁止这种武器走上战场。

激光武器以前只出现在科幻影视中，不过，它可能很快就走出大银幕，走上战场。世界各国研制激光武器的时间可以追溯到20世纪70年代，但受科技水平限制，并没有多大进展。随着微电子技术和半导体技术的发展，许多科技强国掌握了激光武器的关键技术，美国甚至已经制成了可使用的小型激光枪。

导弹的最高速度可达8～10倍音速，这使任何拦截工具都无能无力，于是科学家将目光转到世界上传播速度最快的东西上——激光。光的速度为30万千米/秒，是人类已知的最高速，再高速的导弹在激光面前也是蜗牛。若能给予光足够大的能量，加上智能化的激发系统，就一定能将导弹击毁，从而实现拦截功能。而且光还有不受电磁干扰、能直线攻击、使用成本低等优点。

激光武器的原理很简单，但如何实现攻击却很难。因为光子的动能几乎为零（学术界仍在争论，光子到底有没有动能），能量再强的光也不过是更明亮些，不能对导弹造成危害，更不可能将其击毁。另外，激光在空气中传播时，每1千米就会损耗90%以上的能量，而用于导弹拦截的激光击杀目标至少在50千米以上，如何使激光具有足够的能量呢？

据专业人士介绍，在所有新概念性武器中，只有激光武器最有可能率先投入实战！目前世界上以中、美、俄三国在激光研究领域的水平最高。由于激光武器属于国家高度机密，人们不可能知道其科研进度。但从宣传吴祖光院士的新闻报道中，我们也许能读出一些意味深长的含义。

美国照样走在了世界前沿，经过几十年的研究，美国已经掌握了利用小型激光武器实现拦截导弹的技术：2011年6月6日，美国在新墨西哥州首次用激光设备将一枚苏制喀秋莎火箭击落。美国方面称，这是世界上首次以激光为基础的反导技术。尝到甜头的美国军方欣喜若狂，立刻开始研制能量更大、能击毁洲际导弹、战斗机、坦克，甚至深海潜艇的激光武器。

这一技术又一次震撼了世界，人们立刻意识到原子时代的威胁刚过去，又将迎来激光时代，而且每一次技术的革新都会让这个世界更加不安。

作为当今世界最前沿的技术，美国正在考虑把激光拦截技术运用在NMD（国家导弹防御系统）和TMD（战区导弹防御系统）上，进一步提高美国导弹拦截能力，使美国躲避核武威胁。

激光技术还处于研究阶段，但世界各国早已看到其蕴含的巨大潜力，纷纷投入巨资研究、开发。目前，已经有国家相继研制出了瞬间致盲的激光枪。国际红十字会指责它违反《日内瓦公约》，认为激光武器很不人道；宗教界人士忧心忡忡，引用宗教教义呼吁世人不要拥有激光武器。可以预见，这种极不人道的武器一旦走上战场，将有多少人因此而致盲，随着大威力的激光枪诞生，又将有多少无辜的人生灵涂炭……

超级巨能炮——电磁炮

早在 1920 年，德国工程师汉斯莱在实验室用电磁管装置将 10 克重的铝球加速到 1200 米 / 秒的速度，这堪称电磁炮的先驱。

战后，电磁炮好像忽然从地球上消失，人们很少关心它。因为每次试验都只能将 10 多克重物体高速抛出，始终解决不了瞬时能源供应问题，电磁炮也一直停留在各国实验室。1978 年，马歇尔博士把 3 克重的铝丸加速到 5900 米 / 秒，这一成就至少证明了用电磁力将物体加速到超高速是可行的，电磁炮是行得通的！这一实验成就立刻引起了世界各国的关注，军事科技人员立刻从中看到电磁力的远大前景。美国国防部随即成立电磁炮研究小组，协调相关部门全力合作共同研究电磁炮。

1992 年，美国测试了新式电磁炮，将 2 千克的铝弹加速到 7200 米秒，并击中了 3000 米外的墙靶，铝弹穿墙而过，将 2.4 米厚的钢筋水泥墙击得粉碎，试验取得了成功。

人们根据法拉第的电磁感应发明了发电动机和马达，同样，若将电动机内的转子换成炮弹，接通电源并有足够高的电压，即可将炮弹击出，这就是电磁炮的基本原理。按照法拉第理论，只要能提供足够大的电力，有足够长的炮管，完全能实现将 10 千克的铅弹以 7000 米 / 秒的速度射出去。一般的炮弹初速为 0.8 千米 / 秒，即可将 300 ~ 600 毫米的钢板击穿，而电磁炮打出的铅弹速度在 8000 ~ 12,000 米 / 秒以上，这样超高速的弹丸击在任何物体上都是致命的：打在坦克上，再厚的装甲也会被击穿，而且炮弹飞行的巨大的冲击波会将坦克里的所有人杀死；打在军舰上，会从左侧进去，右侧出来，只留下一个直径 1 米左右的孔，就像子弹穿过几层纸一样。由于弹速极高，在空中飞行时间很短，几千米的距离几乎是直线飞行，只要将炮口对准目标即可击中，根本不需要计算弹道和炮弹飞行轨迹。电磁炮隐蔽性很好，它不像火炮和坦克一样，发射时产生烟雾和火焰，容易暴露；它使用电力，极易控制发射时间和初速，而发射场地很安全；它的炮弹经济实用，因为有极高的速度，根本不需要炮弹具有爆炸功能，只要一颗弹丸即可。

电磁炮的优点还不止这些。科学家预言将来电磁炮初速可以达到 100 千

179

米/秒，这样的速度可以直接用来对准天空中的卫星：哪个是敌方的间谍卫星，立刻瞄准将它击毁；把卫星制成炮弹形状，直接用电磁炮打出去，根本不用火箭发射，能节约多少发射成本。

电磁炮原来如此简单，威力又如此巨大，那现在遇到了什么困难呢？困难只有两个：如何提供给电磁炮瞬间巨大的能量，如何将发射装置小型化。以上发射成功都是在实验室内进行，也有在专业试验场进行的，周围环境能提供强大的电力支持，而且发射装置非常庞大，这才将几百克的铝弹丸射出。如何把装置缩小，缩小到能安装到军舰、飞机或战车上，而且这些载体保证提供足够的电力。这些都是需要解决的问题，人类在研究电磁炮的道路上还有很长的路要走。在可以预见的未来，这种巨能炮一定会出现。

Part7 第七章

终极战机——空天飞机

美国正在对 X-37B 进行一系列的测试，所有的迹象都表明，这绝不仅仅是简单的小型航天飞机。

美国的第四代机"猛禽"F-22 早已服役，技术和性能领先世界 20 多年，有压倒性的优势。但美国空军早已着手研究下一代战机。欧洲对下一代战机的定义是：隐身、速度超过 3.5 马赫、无人驾驶，而美国的设计更加超前，直接把下一代战机送入太空轨道，集多种用途于一身，名副其实的空天飞机。

20 世纪 80 年代，美国就命老牌军火商洛克希德·马丁公司研制一种飞机，用来向空间站运输补给，以降低航天飞机的发射成本。该项目代号 X-33，然而由于当时的技术条件限制，洛克希德并没有达到 NASA 的要求，这一计划后来被迫取消。

1997 年，另一航空巨头——大名鼎鼎的波音公司承接了 X-37 研究计划，为 NASA 设计一种无人驾驶的小型航天器，以在未来取代现役的航天飞机。

经过十多年的努力，波音公司制出了第一台样机，并于 2010 年实现首飞，在太空中完成一系列测试后在一空军基地降落。2011 年，美国又发射了一架样机，并命名 X-37B 号。该机在太空逗留 496 天后，于 2012 年 6 月安全降落。数次试验结果均达到 NASA 要求，美国还将对它进行一些改进，以达到最佳设计状态。

美国数次宣称 X-37B 是波音公司和 NASA 联合研究，更多的是民用意图，X-37B 在太空逗留的这段时间没有"干坏事"。但这些解释显然不能打消世界航空界和各国国防部门的忧虑，种种迹象表明，这就是美国下一代的战斗机，隐身、无人驾驶、25 倍音速，能穿梭于外太空和大气层，重复使用……由于是无人驾驶，飞行器去掉了驾驶员生存系统，大大提高了飞机的载弹量，威力可想而知。

知识小链接

中国在空天飞行器上也没闲着，由航天科技集团研制的"神龙"号已实现首飞，目前仍处于保密阶段。中国军迷将若隐若现的东风 -21D、初露峥嵘的 J-20 和神秘莫测的"神龙"并称为"三剑客"。

X-37B 又称为轨道飞行器、小型航天飞机，由火箭发射，也可用轰炸机将其背负到 20,000 米高空发射，是世界上第一架既能在大气层飞行，又能进入地球轨道的飞行器，任务结束后还能安然返回地面。

有一点军事常识的人都会明白：给它加上导弹和攻击性武器就是超级战斗机，不仅能执行传统战机作战任务，还能进入太空攻击敌方卫星，修补自家卫星。从飞行器的任何方面来判断，这都是未来空天战机的雏形，它的性能和威力远远超过了欧洲拟定的第六代战机标准。

Part7 第七章

让世界瘫痪——网络攻击

信息化、数字化、网络化和自动化给生活带来意想不到的便利，但科技从来都是把双刃剑，也带来了前所未有的隐患。

位于伊朗南部港口的布什尔核电站可谓命运多舛，断断续续建设35年后，于2009年2月底开始试运行发电。美国和以色列从来没有中断过对该电站的破坏，以阻止伊朗拥有更多核技术。2010年，布什尔核电站忽然发现主控计算机变得异常缓慢，屏幕上出现乱码，各个子系统出现异常变化，伊朗技术人员束手无策，为了安全，只得将电站手动关闭，对系统进行检查。

经过排查，伊朗计算机专家认为，电站的主控计算机被人植入了蠕虫病毒。伊朗方面推断，是美国和以色列的情报人员做了手脚。所幸发现得早，电站又处于试运行阶段，并未造成多大破坏，但网络攻击的威力初现端倪。各国专家普遍认为，21世纪人类面临的威胁很大一部分来自于网络。

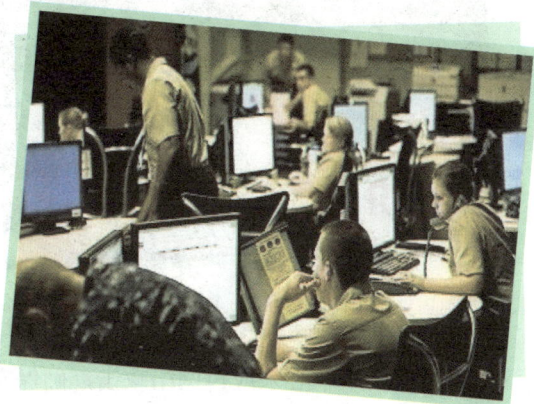

我们周围的一切与计算机有着密切的关系，电力、通讯、交通、物流、金融、国防等。若电力系统被植入病毒，将导致发电机组停顿或疯转，激增的电流会将机组烧毁，大范围的电网断电；将病毒或控制软件植入通讯系统，电话打不通，网络无法使用，也或我们的通话被窃听，邮件被偷窥；将病毒植入交通系统，火车运行将彻底混乱，各地交通拥堵不堪，飞机无法正常起降，轮船在海上失去方向；金

融系统更厉害，账户上的财富会在几秒钟内归零，庞大的企业将因为无法使用银行服务而倒闭，国家庞大的财富也会瞬间灰飞烟灭，不知所终；国防系统被植入电脑病毒或控制软件，将无任何秘密可言，更有甚者，自己的武器将被敌人控制，随时威胁着本国安全……

网络正越来越成为一种武器，它可以轻易破坏敌方的指挥系统，悄然无声地使敌方网络甚至让整个国家陷入瘫痪，兵不血刃地击败对方，实现不战而屈人之兵。

知识小链接

除了本章介绍的这些，还有很多功能各异、匪夷所思的未来武器，各国研究精英们"完美"地将人类智慧和天才的创意结合在一起，研发了一批又一批的科技怪兽，其中包括太阳能武器——所到之处尽变焦土；大气武器——能制造雨雪灾害；基因武器——利用生物技术让一个种族断子绝孙……

美国已经在这方面牛刀小试：1991年，美国派特工潜入伊拉克，在防空部门使用的打印机上做了手脚，将原来芯片换成带有计算机病毒的芯片，打印机依然可以工作，根本看不出任何破绽。战争爆发时，美国通过远程指挥，激活病毒芯片，伊拉克防空系统的计算机发生故障，根本无法对侵入领空的北约战机构成威胁，处于挨打不还手的境地。

这是不是007电影情节？网络威胁是不是危言耸听？各国专家已经充分认识到网络安全的重要性，纷纷组建国家级的网络中心来应付网络攻击，确保本国网络安全。2009年，刚刚上任的美国总统奥巴马在报告中指出：网络安全已经威胁到美国经济和军事领域，成为国家当前及未来相当长时间内的最重要的威胁之一，美国必须严肃对待这一世纪挑战。奥巴马同时认为，为应对网络攻击，美国有必要组建国家级的网络中心，并专门建立一个网络战指挥中心和能独立运作的司令部。这一举动向世界表明：美国不仅提高了自身网络安全，同时也拥有了攻击他国的网络武器。